W0211424

„Acht Fuß pro Sekunde... sechs... vier...", krächzte die Stimme von Marceau durch die Lautsprecher der Raumfähre.

Plötzlich glitt der Satellit über den Astronauten.

„Vorsicht, Marceau! Zurück!" In seinem Helm hörte er die Kollegen schreien.

Bei dem Versuch, die Greifhaken einzuklinken, fingen plötzlich zwei der Solarzellenpaddel an, hin und her zu schwingen. Das rückwärtige streifte jetzt seinen Helm. Marceau meinte zu sehen, wie das Raumschiff sich entfernte und die Erde wie wild um ihn zu kreisen begann. Dann verlor er das Bewußtsein.

TRM

COMPUTER-KRIMI

Satelliten-raub

G. P. JORDAN

Schneider-Buch

INHALT

Ausreißer mit Brandzeichen

Weit unten glitt langsam das Superpanorama unseres blauen Planeten vorbei. Die ganze Welt im Zweistundentakt – und das in Technicolor. Am gekrümmten Horizont schoben sich unter dem leuchtenden Rand der Atmosphäre fast unmerklich die Konturen der afrikanischen Westküste hervor. Als Astronaut Marceau den Kopf durch die offene Luke steckte, spiegelten sich in der dunklen Scheibe seines Helms der tiefblaue Atlantik, das Grün und Braun der Landmassen, überzogen von den spiraligen Schleiern hauchdünner, zartweißer Wolkenfelder. Mit einer leichten Bewegung stieß Marceau sich ab und glitt in die Schwerelosigkeit des Weltraums hinaus.

Durch den Helmlautsprecher hörte er eine Stimme. „Wir wünschen dir einen angenehmen Aufenthalt, Kollege – genieß mal schön die Aussicht da draußen."

„Daraus dürfte wohl nicht allzuviel werden", dachte er. Denn zusammen mit der übrigen Besatzung, die im Raumschiff zurückgeblieben war, hatte er einen Auftrag zu erledigen. Schließlich war dieses Unternehmen keine Vergnügungsfahrt.

Robert Marceau, der Chef dieser Mission, schwebte 200 Meilen über der Erde im Raum. Er sollte einen Satelliten bergen, der seit sechs Monaten die Befehle der Bodenstation nicht mehr befolgte.

Der Forschungssatellit COMTEX antwortete nicht. Von den Experimenten an Bord des COMTEX waren keine Daten mehr empfangen worden. Für die Nationale Raumfahrtbehörde hatte sich dieser Satellit mittlerweile zu einem Sorgenkind entwickelt.

„Ist dein Jetrucksack okay? Gib acht. Jetzt ist unser Trotzköpfchen schon zu sehen."

Es war die Stimme von vorhin. Sie wies Marceau an, sich bereit zu machen. Außerdem sollte er die Antriebsdüsen auf die Startposition ausrichten.

Marceau meldete sich. Das erste Mal, seitdem er die Raumfähre verlassen hatte. „Ich kann ihn sehen." Ein silbriges Gebilde steuerte auf ihn zu. Von den abgespreizten Paddeln der Solarzellen gleißte ihm das Sonnenlicht entgegen. Im Augenblick näherte sich der Satellit mit einer so hohen Geschwindigkeit, daß es schwer sein dürfte, ihn einzufangen.

Marceau gab den Kollegen im Raumschiff durch: „Er hat viel mehr Tempo drauf, als wir dachten. Wesentlich schneller als bei den Simulationsübungen!"

„Hast du schon mal erlebt, daß hier oben irgend etwas genauso läuft wie im Training?" kam es aus dem Innern der Fähre. Der Mann hatte gut reden, geborgen und sicher wie er war im Rumpf des Raumschiffes.

Marceau betätigte den Antriebsknopf, und aus den feinen Düsen seines umgeschnallten Rückstoßaggregats stoben kleine Stickstoffwolken. Sachte entfernte er sich von der Raumfähre und seine Begegnung mit dem unaufhaltsam heranschwebenden COMTEX rückte näher. Ein Showdown im All?

Wenigstens funktionierte die Kontrolleinheit an seinem Handgelenk. Auf Knopfdruck „wuchsen" aus dem oberen Ende des Düsenantriebsbehälters zwei Greifarme heraus. Marceau richtete sie auf den Satelliten.

„Ey, Marceau, du siehst aus wie in diesen Uralt-Science-fiction-Schinken, wenn die Raumfahrer plötzlich ihre riesigen Hasenohren ausklappten!"

„Nur diese einzige Chance“, murmelte Marceau vor sich hin.

„Wie bitte?“ Sein Kollege in der Raumkapsel konnte mit dieser Bemerkung offenbar nichts anfangen.

Marceau erwähnte noch einmal, daß sich der Satellit rascher auf ihn zubewegte als erwartet. Weil aber der Stickstoff bald aufgebraucht sein würde, mußte es ihm auf Anhieb gelingen, COMTEX einzufangen.

Nicht nur die Kollegen im Raumschiff verfolgten wie gebannt den Bergungsversuch. Auch in der Bodenkontrollstation herrschte Hochspannung. Auf den Anzeigeschirmen erschienen die medizinischen Funkmeßwerte der Besatzung. Atmung, Blutdruck und Pulsschlag der Astronauten wurden ständig überwacht. Normalerweise beträgt der Puls bei einem gesunden Menschen nicht mehr als 72 in der Minute. Robert Marceau hatte 140.

Etwas anderes als beobachten und beraten konnten die Wissenschaftler und Techniker unten auf der Erde im Augenblick ohnehin nicht. Sie sahen zu und warteten darauf, endlich „Hurra“ schreien zu können, sobald der Satellit zurückgeholt wäre.

„Zwanzig Fuß pro Sekunde... achtzehn Fuß...“, gab Marceau durch.

Um näher an den Satelliten zu gelangen, korrigierte er zwischendurch immer wieder seinen Kurs, indem er den Schub auf den acht Antriebsdüsen genau dosierte.

Während der Copilot im Cockpit der Reliance die Bordinstrumente im Blick behielt, drängten sich die übrigen Astronauten in der Luftschleuse um die Ausstiegsluke. Jeder wollte die Bergungsaktion möglichst mit eigenen Augen mitverfolgen. Es war eine beeindruckende Szenerie: Deutlich konnte man sehen, wie die Erde sich langsam um ihre Achse drehte. Hinter dem dahinschwebenden Astronauten blähte sich ein verwirbelter Wolkenteppich wie der Vorhang einer riesigen Bühne.

„Acht Fuß pro Sekunde... sechs... vier...“, krächzte die Stimme von Marceau durch die Lautsprecher der Raumfähre. Plötzlich glitt der Satellit über den Astronauten.

„Vorsicht, Marceau! Zurück!“ In seinem Helm hörte er die

Kollegen schreien.

Bei dem Versuch, die Greifhaken einzuklinken, fingen plötzlich zwei der Solarzellenpaddel an, hin und her zu schwingen. Das rückwärtige streifte jetzt seinen Helm. Marceau meinte zu sehen, wie sich das Raumschiff entfernte und die Erde wie wild um ihn zu kreisen begann. Dann verlor er das Bewußtsein.

„Ganz ruhig. Nicht bewegen."

Diese sanften Worte klangen wohltuend nach dem Gekreische, das er zuletzt durch die Lautsprecher seines Helmes gehört hatte. Nun schlug er die Augen auf und sah die Gesichter der fünf Besatzungskollegen über sich.

„Fast wärst du uns da draußen ja verlorengegangen." Marceau erkannte die Stimme des Chefs. Statt zu antworten, blinzelte er.

„Gut, daß dein Düsenrucksack ein ARS hatte", fuhr der Chef nun fort. Damit meinte er das automatische Rückholsystem. Diese Steuereinheit war so programmiert, daß ein Astronaut ins Raumschiff zurückgebracht wurde, falls er bei Arbeiten außerhalb der Ladebucht das Bewußtsein oder die Kontrolle verlieren sollte.

„Ohne dieses Ding hätten wir dich auf deiner Umlaufbahn lassen müssen."

Jetzt, da Marceau wieder wohlbehalten zurück im Raumschiff war, versuchte er noch einmal Schritt für Schritt das Satellitenbergungsmanöver durchzugehen. Er wollte herausfinden, was die Störung bei dem Satelliten hervorgerufen haben mochte, und außerdem, an welcher Stelle des Bergungsmanövers ihm ein Fehler unterlaufen sein könnte. Eines der Besatzungsmitglieder versuchte Marceau zu beruhigen.

„Alles, was du getan hast, war absolut richtig. Irgend etwas war mit der Eigenbewegung des COMTEX nicht in Ordnung."

Von dem Zwischenfall gab die Besatzung einen ausführlichen Bericht an die Bodenstation durch. Von dort kamen die gleichen Anweisungen zurück: Die Reliance sollte den außer Kontrolle geratenen Satelliten einfangen und zur Erde zurückbringen.

„Ihr habt leicht reden da unten", murmelte eine Frauenstimme im rückwärtigen Teil der Kabine.

Dieses Mal jedoch mußten sie anders vorgehen. Die Tankanzeige des Jetrucksacks zeigte nämlich an, daß der Kraftstoffvorrat nicht mehr ausreichte. Die Reliance würde jetzt die FBS einsetzen müssen – das heißt, die Ferngesteuerte Bergungssonde. Damit hatten sie es schon mal versucht, allerdings vergeblich. Doch jetzt blieb der Mannschaft keine andere Möglichkeit mehr, um ihren Auftrag zu Ende zu führen.

„Es ist völlig unmöglich, die Umlaufbahn des COMTEX zu verfolgen", erklärte der Navigationsoffizier. „Wir müssen es wieder auf gut Glück versuchen – Pi mal Daumen."

So machte sich die Mannschaft daran, die FBS vorzubereiten. Damit diese Sonde nicht im Weltraum verlorenginge, befestigten die Männer das automatische Rückholsystem aus Marceaus Düsenrucksack, dem er nun sein Leben verdankte. Dann setzte sich die Reliance mit Hilfe ihrer Steuertriebwerke langsam in Bewegung und nahm Kurs auf den Ausreißer. Nach einer Viertelstunde kam er wieder ins Blickfeld.

Der Copilot deutete mit seiner Linken zum Seitenradar. „Schau dir mal den ganzen Schrott an, der hier draußen rumfliegt."

Auf zahllosen Umlaufbahnen kreisten Bruchstücke, die von früheren Expeditionen übriggeblieben waren. Diese Überreste blieben auch dann noch jahrelang auf der Umlaufbahn, nachdem sie ihren Zweck erfüllt hatten. Früher befürchteten die Raumschiffpiloten Zusammenstöße mit Meteoriten. Jetzt hingegen waren sie froh, noch wohlbehalten und einigermaßen ungehindert zwischen dem umherschwebenden Expeditionsmüll hindurchmanövrieren zu können.

„Er kommt, und zwar in einem Winkel von 50 Grad."

In der Ladebucht hatte die Mannschaft die Bergungssonde startklar gemacht und mit den Vorbereitungen für das Andocken des Satelliten begonnen. Die Luken hatte man nach der Expedition von Marceau offengelassen – der Satellit mußte ja noch geborgen werden.

Im Mannschaftsraum schwebte Marceau näher an das Cockpitfenster heran. Durch seinen Kopf zuckte ein stechender Schmerz –

die Nachwirkung seines Unfalls. Marceau war froh darüber, die Bergungsaktion jetzt aus dem Innern des Raumfahrzeugs beobachten zu können.

Der COMTEX war zunächst nur als Punkt erkennbar, der sich allmählich zu einem glänzenden Metallstück vergrößerte. Mehrere hundert Kilometer von der Erde entfernt, bewegte er sich in einer nicht vorausberechneten Bahn. Die merkwürdigen Veränderungen im Verhalten des Satelliten hatten die Wissenschaftler der Nationalen Raumfahrtbehörde verwirrt. Deshalb war es für sie äußerst wichtig, daß er zur Erde zurückgebracht wurde.

„Alles fertig für den Abschuß des FBS?“ fragte nun der Kapitän.

„Zehn... neun... acht...“ – der Countdown lief bereits.

Als sich Marceau zum Rückfenster umwandte, konnte er beobachten, wie sich in der Ladebucht die FBS-Kapsel auf ihrem Startgestell immer schneller um ihre Längsachse zu drehen begann.

„...zwei... eins... null... los.“

Ein sekundenlanger Strahl aus der Hauptantriebsdüse. Die Sonde kreiselte vom Raumschiff Reliance weg. Kurz darauf traf sie auf den COMTEX.

Die übrigen Astronauten hielten den Atem an. Der Copilot bediente die Steuerung der FBS. Schließlich glückte es ihm, die Sonde an eine Stelle zu bugsieren, von der aus die Greifhaken den Satelliten packen konnten.

„Ey, ihr da unten, wir haben ihn!!!“ Die Besatzung der Reliance brach in einen Freudenruf aus. Die Wissenschaftler der Bodenkontrollstation gratulierten. Nun mußte der Satellit nur noch in das Raumschiff geholt und in der Ladebucht festgedockt werden.

„Robby, hoffentlich ist dein ARS noch so gut in Form wie vorhin“, meldete sich der Mann aus dem Cockpit.

Der FBS reagierte wie ein folgsamer Hund auf die Befehle des Copiloten. Voller Bewunderung sahen die Astronauten zu, wie die Sonde den Satelliten in den Frachtraum manövrierte.

„Perfekt!“

*

„Sehen Sie sich das mal an, Sir!“ Robert Marceau horchte auf. Der Unterton in der Stimme hatte ihn alarmiert. Er beobachtete, wie sein Kollege in der Ladebucht den FBS von dem Satelliten löste und in seiner Transporthalterung verankerte. Jetzt besah sich der Astronaut diesen Unglückssatelliten etwas genauer. Eine fernbediente Videokamera übertrug das Geschehen auf die Monitore der Kollegen im Raumgleiter.

„Geht's nicht noch etwas schärfer?“ fragte der Chefpilot.

Der Astronaut führte die Kamera näher an den eingefangenen Satelliten. Dann bewegte er seinen Helm mit beiden Händen hin und her, damit es so aussah, als schüttelte er den Kopf.

„Da ist doch was schiefgelaufen.“

Durch das Fenster beobachtete Missionsspezialist Marceau seinen Kollegen, der gerade die Solarpaddel des COMTEX bewegte.

„Irgend jemand muß sich an unserem Satelliten zu schaffen gemacht haben.“ Die Stimme des Astronauten in der Ladebucht klang ungläubig.

Als er eine Kante des Solarpaddels wendete, staunte die Mannschaft. Es war schon unerklärlich, weshalb der Satellit außer Kontrolle und auf eine andere Umlaufbahn geraten war. Doch was sie nun auf den Fernsehmonitoren sahen, machte die Geschichte etwas unheimlich. Auf der Unterseite des beschädigten Solarzellen-Gehäuses lasen sie: *„Glück für den Finder“*.

Außerplanmäßige Landung

„Noch eine Minute bis zur Zündung!“ Jetzt gab es kein Zurück mehr. Der Bordcomputer hatte die Steuerung übernommen.

„Alles okay!“

Vögel flatterten auf, als die Rakete die erste Rauchwolke ausstieß. In der Düsenbrennkammer näherte sich der Druck dem Startwert. Der Countdown für den nächsten Abschuß lief.

„T minus zehn... neun... acht...“

Von der Abschußrampe breitete sich eine Druckwelle aus. Die Zuschauer hielten sich schon die Ohren zu. Das Röhren des Triebwerks ließ ihr Zwerchfell beben.

„... zwei... eins... null... Start!"

Das Grollen verstärkte sich. Plötzlich mischte sich Explosionsdonner dazu. Rauch hüllte die Rakete ein und nahm die Sicht auf die Rampe. Aber die Rakete stieg nicht auf.

„Ey, was soll das denn?"

Eine Bö lichtete die Rauchschwaden. Und die Rakete stand immer noch auf dem Startgerüst – wie festgeschraubt.

„Weiß auch nicht, was da los ist."

Zwei Jungen und ein Mädchen lösten sich als erste aus der Gruppe von Zuschauern.

„Ich hoffe nur, unser Astronaut ist noch okay", meinte Mona Powell.

„Denke schon." Rick, ihr Bruder, bemühte sich um einen beruhigenden Ton.

Sein Freund, Tom Benson, hielt es nicht für wahrscheinlich, daß „ihrem" Astronauten etwas passiert sein könnte. „Immerhin haben wir die Kapsel dreifach gesichert, und solange der Rettungstreibsatz nicht gezündet hat, dürften keine kritischen Rüttelmomente aufgetreten sein."

Einige Mitglieder der Stantoner Raketengesellschaft näherten sich vorsichtig der Rampe. Die meisten von ihnen waren Angestellte der örtlichen Hochtechnologie-Firmen und verbrachten ihre Wochenenden auf diesem Gelände südlich von Stanton. Die Raketengesellschaft hatte hier ein kleines Raumfahrtzentrum eingerichtet, das von Privatpersonen und privaten Forschungsinstituten genutzt werden konnte. Die Ausrüstung hatten verschiedene Raumfahrtfirmen zur Verfügung gestellt.

Nach einer Weile meinte Tom: „Schätze, daß höchstens einige Rauchschäden eingetreten sind, nichts weiter."

Rick besah sich die Rakete von allen Seiten und seufzte: „Tja, auf jeden Fall braucht sie wieder frischen Lack."

Mona jedoch interessierte etwas anderes wesentlich mehr: „Wär' ja vielleicht ganz gut, wenn wir erst mal rausfinden könnten, warum das Ding nicht losgegangen ist."

Zehn Meter ragte die Rakete in die Höhe. Am oberen Ende war eine kegelförmige Kapsel montiert. Weil der gesamte Treibstoff durch die Fehlzündung verbrannt war, konnte jetzt niemand mehr zu Schaden kommen. Zwei ältere Männer, ebenfalls Angestellte der Raketengesellschaft, richteten die ausfahrbare Leiter auf.

„Ich steig' rauf und seh' mal, was mit ihm los ist."

„Geht nicht; nur Tom hat die Kombination für die Einstiegsluke im Kopf."

Tom trat hinter Rick und stieg behende die Leiter hinauf. An der Luke klappte er den Schutzdeckel für die Tastatur auf, tippte den Zahlencode ein und kletterte weiter bis ganz oben hin. Er öffnete die Abdeckhaube der Kapsel, schwenkte sie beiseite und hatte endlich den Astronauten vor sich.

Mona wollte wissen, was denn los wäre.

Tom mußte lachen. „Er schläft!"

„Wie denn das?" rief Rick herauf.

„Seine Schaltkreise – sie sind offensichtlich zusammengebrochen."

Mr. Chips saß festgeschnallt in der kleinen Kapsel. Er war ein Hausroboter, der für den Ausflug in die Stratosphäre programmiert worden war. Zusammengebaut war er aus ausrangierten Ersatzteilen verschiedenster Art, übriggebliebenen Gehäuseteilen, Schrittschaltmotoren, Feinstgetrieben, Elektronikteilen und Mikrochips – wobei allerdings die Mikroprozessoren zum Teil aus neuester Fertigung waren oder sogar Testmuster aus noch nicht freigegebenen Vorserien. Entsprechend vielseitig waren seine Talente. Heute war er allerdings über das Ende der Leiter nicht hinausgekommen.

„Vielleicht hat er irgendwo ein elektromagnetisches Schockfeld abgekriegt." Rick mußte sich davor schützen, daß ihn das Gefühl der Enttäuschung übermannte. So war ihm jeder Einfall recht, mit dem sich der Fehlstart erklären ließ.

Rick bereitete den Flaschenzug vor, mit dem sie den Rettungstreibsatz mitsamt der Kapsel abheben wollten. Als der Ausleger von Rick genau über der Raketenspitze angekommen war, klinkte Tom den Haken des Flaschenzugs in die Transportöse und löste danach die Befestigungsbolzen der Kapsel. Bevor Tom den Kapseldeckel wieder zuklappte, sicherte er den Roboter mit einem Stahlkabel.

Der fünfzehnjährige Tom ging dabei sehr bedachtsam vor. Seinen dunkelblauen Augen entging nichts. Er beobachtete Rick, seinen besten Freund, dabei, wie er die Hebevorrichtung routiniert und geschickt bediente. Rick war ein Jahr älter als Tom und etwas kräftiger gebaut. Er befolgte die Anweisungen seiner Schwester Mona, die ihn von der anderen Seite der Startrampe dirigierte. Dieses zarte, dunkelhaarige Mädchen war genauso alt wie Tom. Gemeinsam taten sie ihr Bestes, den Roboter heil nach unten zu bringen.

„Okay! Zieh an!!“ Langsam schwang die Raketenspitze zur Seite und senkte sich behutsam zur Erde.

Tom stieg nun, nach einem kurzen Rundblick über das Gelände, wieder hinab, wobei er die Last am Flaschenzug nicht aus den Augen ließ.

„Ricky, paß doch auf! Er ist schließlich nicht aus Eisen.“

„Meine Arme sehen das etwas anders.“

Die Kapsel mit Mr. Chips baumelte am Ende des Stahlseils und hatte sich langsam zu drehen begonnen. „Das verdammte Kabel hat sich verdrillt, aber wie willst du das vorher merken!“ stieß Rick hervor, während er den Ausleger vom Gerüst fortschwenkte. Mit einer sicheren Bewegung ließ ihn Rick die Last endlich sanft auf der Erde aufsetzen.

„Gelandet!“ Mona atmete auf.

„Gott sei Dank ohne weitere Zwischenfälle“, seufzte Rick.

„Sicher schon, aber ergebnislos. Ein bißchen Erfolg hätt’ mir gutgetan.“

Tom berührte kurz Monas Arm. „Erst wenn wir das Startprogramm noch mal durchgegangen sind, können wir darüber etwas sagen. Schau, vielleicht lernen wir auf diese Weise etwas, auf das wir sonst nie gekommen wären, wenn die Wunderkerze nach Plan abgehoben hätte."

„Aber, daß sie sich nicht einmal vom Fleck rühren würde, das hätte ich nicht gedacht."

„Wir doch auch nicht. Frag mal Rick."

Mona blickte ihren Bruder an. Sie war ganz besonders enttäuscht, denn gerade dieses Startprogramm war ihre Idee gewesen.

„Ausgerechnet das klappt nicht! Ich glaub', so hundeelend hab' ich mich in meinem ganzen Leben noch nicht gefühlt."

„Ach komm", unterbrach Rick. „Und wie war das denn damals im Feriencamp, als du..."

„Laß das doch, Rick."

Rick ging auf Toms Einwurf ein und ließ es tatsächlich auf sich beruhen. Er drückte zwei Knöpfe an der Schmalseite von Mr. Chips. Die versenkbaren Raupen-Fahrelemente klappten heraus, und der Roboter konnte seine übliche Gangart wieder aufnehmen.

In der Zwischenzeit waren die drei Angehörigen der Stantoner Raketengesellschaft wieder zu ihnen gekommen, alle etwa um die vierzig. Einer der Männer hielt in der Rechten einen Mikrotransceiver, aus dem er gerade eine Meldung erhalten hatte.

„Eure Starterlaubnis wurde aufgehoben. Tut uns leid, aber auch wenn ihr den Fehler noch findet, können wir euch so bald nicht mehr starten lassen. Aber nehmt es nicht allzu tragisch", empfahl er ihnen. „Das gilt übrigens für sämtliche Stratosphären-Flüge in der ganzen Region."

„Und warum?" wollte Rick wissen.

„Weil die Reliance runterkommt."

„Oha!" Die drei waren überrascht. Die Reliance sollte doch vier Wochen oben bleiben. Für den Start dieses Raumschiffs hatten sich Mona, Tom und Rick besonders interessiert und ihn vom Cape mit verfolgt. Immerhin war eine ihrer Erfindungen mit an Bord gewesen, eine spezielle Versuchsanordnung, mit der sie im nationalen Jugendforschungs-Wettbewerb einen Preis gewonnen hatten. Sie befand sich im EDEF – der Extended Duration Exposure Facility, einem Satelliten, der eine Reihe von Experimenten zur Langzeitbeobachtung von Organismen unter Extrembedingungen enthielt.

„Was ist denn schiefgelaufen?“ Tom hätte gern Näheres erfahren.

Der Mann mit dem Mikrotransceiver schüttelte den Kopf. „Bis jetzt kam nur die Ankündigung der Raumfahrtbehörde, daß alle Starts sofort gestrichen werden müßten.“

Selbstverständlich hatte eine solche Anordnung ihren Sinn. Bei ihrem Landeanflug würde die Reliance Stanton überfliegen. Folglich mußte der gesamte Luftraum freigehalten werden. Erst kürzlich war ein unangemeldeter Flugkörper in die Rückflugbahn eines Raumgleiters geraten.

Nur der blitzschnellen Reaktion des Piloten war es zu verdanken, daß kein größeres Unglück geschehen war. Er hatte nämlich instinktiv die Landeanflugautomatik außer Kraft gesetzt und war per Handsteuerung in letzter Sekunde ausgewichen.

Die Freunde vermuteten, daß es vielleicht an einem Geräteschaden liegen könnte, weshalb die Reliance so bald schon wieder runterkommen sollte. Oder aber einer der Astronauten könnte krank geworden sein. Doch das hielt Mona nicht für wahrscheinlich.

„Eigentlich kann ich es mir nicht so recht vorstellen. Alle drei hatten doch eine Spitzenkondition. Und die war doch schon getestet worden, bevor sie überhaupt zum Cape kamen.“

Wenigstens konnten sie davon ausgehen, daß die Trägereinheit mit dem EDEF von der Ladebucht der Reliance aus auf die Umlaufbahn geschickt worden war. Wie die meisten Einwohner von Stanton hatten auch Mona, Rick und Tom vor einigen Tagen die Liveübertragung gesehen. Weil im EDEF auch eine Erfindung von Mona Powell eingebaut war, interessierten sich die Stantoner besonders für diesen Flug. Ihr Bruder und Tom hatten dieser Erfindung den letzten elektronischen Schliff gegeben. Zum Start der Reliance waren die drei auf das Cape eingeladen worden.

„Hoffentlich ist da nichts Schlimmes passiert“, seufzte Rick.

Niemand wagte auszusprechen, was jedoch ganz offensichtlich

war; aber es konnte sich nur um einen ernsten Zwischenfall handeln, wenn die Reliance bereits Wochen vor dem festgesetzten Termin zurückkehrte.

Ein Mann von der Raketengesellschaft deutete auf die fehlgezündete Rakete. „Kümmert euch nicht weiter drum, wir regeln das schon."

Nun wollten Mona und die beiden Jungen so schnell wie möglich weg von hier. Sie bedankten sich noch bei den Angehörigen der Raketengesellschaft für das Entgegenkommen. Tom berührte eine Sensortaste auf Mr. Chips' Kopf. Damit aktivierte er den Begleitungsmode des Roboters. Mit Mr. Chips vorneweg stiegen die drei den Hügel hinauf und gingen zum Parkplatz.

„Laßt uns keine Zeit vergeuden", drängte Tom.

„Nur keine Sorge, das am allerwenigsten, liebe Freunde."

Mona kannte ihren Bruder. „Fahr bitte vorsichtig." Rick war ein guter Fahrer, aber manchmal fuhr er mit Bleifuß. Tom schnallte Mr. Chips an dessen Extraplatz auf dem Rücksitz fest. Nachdem auch die Gurte von Mona und Tom eingeklickt waren, fuhr Rick los.

„Würde mich ja allmählich schon interessieren, wann wir die ersten Daten von da oben kriegen." Nicht nur er, auch die anderen beiden waren ganz begierig darauf, zu erfahren, wie es um Monas Erfindung stand, die im EDEF auf der Umlaufbahn mitkreiste.

„Morgen früh um fünf, Ricky."

Mona konnte ihr Lächeln nicht unterdrücken. Sie wußte, wie gern er ausschlief.

„Läßt sich das denn nicht bis Mittag verschieben? Wir können das Ganze doch dem Timer unseres Recorders überlassen."

„Auf keinen Fall." Tom bestand darauf, die Übertragung live mit anzusehen. „Ich möcht' nämlich rauskriegen, was los ist und warum die Reliance so früh runterkommt – und das so früh wie möglich. Außerdem kann die Aufnahmeautomatik auf irgend etwas Unvorhergesehenes nicht reagieren. Wenn die Empfangsbedingungen plötzlich nachlassen, müssen wir blitzschnell auf einen anderen Kanal. Und die entsprechenden Frequenzen sind noch nicht im Speicher."

Auch wenn sie auf ein paar Stunden Schlaf verzichten müßten, aber Mona und Rick würden ebenfalls so früh auf der Matte stehen, um die Datenübertragung nicht zu versäumen, das war klar.

„Außerdem können wir uns ja ein Mittagsschläfchen genehmigen."

Klar. Aber das mußte von Rick kommen. Tom lächelte und blickte zu Mona hinüber, die ziemlich eingezwängt auf dem Rücksitz kauerte.

Rick steuerte die Ausfahrt zum Cartesian Freeway an.

„Wo fahren wir denn hin?"

„Nach Hause."

Tom hatte eine andere Idee. „Bleib mal auf dem Freeway, Rick. Vielleicht wär's ganz gut, bei Bendatacon vorbeizuschauen."

Die Bendatacon, ein Beratungsbüro für Datenverarbeitung, gehörte Toms Vater, Mike Benson, und war in Stanton eine angesehene Firma. Wie viele andere Hochtechnologie-Unternehmer hatte Toms Vater sich hier niedergelassen, erstens weil die Grundstückspreise nicht hoch waren – es gab noch viel Platz. Zweitens war Stanton zu einem Zentrum für Spitzentechnologien geworden. Vom Cartesian Freeway blickte man auf eine Ansammlung von Gebäuden aus Stahl und Glas inmitten von Feldern und Wiesen. Bevor die Mikrotechnologie hier Einzug gehalten hatte, bestand Stanton nur aus einem Dutzend Häusern, einem Supermarkt und einer Post.

„Schalt doch mal die Nachrichten ein", schlug Mona vor. Tom drehte dem CD-Player den Ton ab, den Rick auf volle Lautstärke gestellt hatte. Er wählte den Ortssender an.

Jetzt kamen sie an der Ausfahrt vorbei, die zu dem Bereich der Communications-Technology Ltd. führte. Diese weithin bekannte Stantoner Firma baute Satelliten für die Privatindustrie und die Nationale Raumfahrtbehörde. Tom schaute öfter mal vorbei, um zu sehen, woran die Wissenschaftler, die dort angestellt waren, gerade arbeiteten. Mit Landwirtschaft hatte es jedenfalls nichts mehr zu tun.

„Eigentlich völlig konträr, diese Welten, und doch so dicht beeinander", dachte Tom. Er hatte sich in sich zurückgezogen und hing seinen Gedanken nach.

Die Nachrichten brachten keine Neuigkeiten über die Raumfähre. Tom schaltete sie ab. Jetzt dröhnte wieder die Musik vom CD-Spieler durch die Autolautsprecher. Für eine Fahrt durch das Stadtzentrum genau das Richtige. Dafür, daß es erst mitten am Nachmittag war, sah man ungewöhnlich viele Leute auf den Straßen.

Aber auch auf den Wiesen genossen einige das gute Wetter.

„Ob die um die Zeit noch braun werden wollen?"

„Nicht gerade gut gewählt", meinte Monas Bruder. „Jetzt ist die Sonne doch gar nicht mehr so stark."

Sie fuhren an einigen Bürogebäuden vorbei. Die Leute drängten geradezu heraus. Tom und die Geschwister befürchteten, es könnte etwas passiert sein.

„Feueralarm?"

Tom blickte sich um, konnte aber nirgendwo Rauch entdecken. Doch aus den Bürogebäuden strömten immer noch die Leute nach draußen.

„Wie die alle auf den Gehsteigen rumstehen", meinte Mona, als sie über eine große Kreuzung fuhren.

„Die warten sicher nur auf uns", meinte Rick.

Zehn Minuten später hielt er gegenüber dem Bendatacon-Gebäude. Auch hier standen die Angestellten draußen umher. Unter ihnen ein großer schlanker Mann, dessen dunkles Haar an den Schläfen bereits ergraut war. Seine dunklen blauen Augen trafen den Blick des Jungen, der vom geparkten Sportwagen auf ihn zukam.

„Hallo, Dad! Macht ihr eure Fitneßübungen jetzt draußen?"

Mike Benson lächelte. Er beobachtete die drei Freunde, die sich der Versammlung auf dem Vorplatz näherten.

„Ihr kommt gerade noch rechtzeitig", begrüßte Mike Benson die drei.

Noch bevor Tom antworten konnte, hörten sie am Himmel den

Doppelschlag eines Überschallknalls.

„Was ist los?" rief Rick.

Wie auf Kommando deuteten fast alle Umstehenden nach oben. Jetzt sahen auch Mona, Rick und Tom, weshalb sich die Stantoner draußen aufhielten.

„Hier, seht mal!" rief Mr. Benson.

Das Geräusch war jetzt verklungen, und lautlos kam die Reliance in Sicht, die jetzt im Landeanflug heransegelte.

Rätselhafte Netze

„Meine Güte, da kriegste ja echt 'ne Gänsehaut", meinte Mike Benson voller Bewunderung. „Das hab' ich mindestens schon fünfzehnmal gesehen, aber es ist jedesmal wieder aufregend."

So wie die Leute hier auf dem Platz vor dem Bendatacon-Gebäude standen und nach oben schauten, schien es ihnen nicht anders zu ergehen. Obwohl Shuttlestarts in den letzten Jahren nach der Challenger-Katastrophe im Januar 1986 wieder zur Routine geworden waren, blieben die Starts und Landungen dennoch etwas Besonderes.

Tom blickte noch immer nach oben. „Ich würde ja nur zu gern erfahren, was wirklich passiert ist."

„Du meinst, warum die Reliance so früh schon wieder zurückkommt?"

Mr. Benson konnte ihnen nur so viel sagen, daß man einen Defekt am Satelliten vermutete, aber keine weiteren Einzelheiten.

„Ist der EDEF okay?" Das interessierte Mona am meisten.

„Das läßt sich feststellen", antwortete Mike Benson.

Allmählich geriet die Reliance wieder außer Sicht.

„Also, dann wollen wir mal." Mr. Benson forderte die Freunde auf, in sein Büro mitzukommen. Dort wollte er nachchecken, ob der EDEF noch funktionierte. Die Leute von Bendatacon kehrten wieder in ihre Büros zurück. Auch Tom, Rick und Mona betraten das leicht geschwungene Gebäude. Die Benson-Firma beschäftigte dreißig Top-Leute in der Computerforschung und Datenanalyse. Bendatacon war bekannt dafür, daß mit den aktuellsten Neuheiten aus der EDV-Spitzentechnologie gearbeitet wurde. Von daher galt es als selbstverständlich, daß sich die Mitarbeiter laufend fortbilden mußten. Für Tom und seine Freunde ergab sich dadurch die Gelegenheit, allein durchs Zuschauen allerhand zu lernen.

Mr. Benson führte die drei in die Chefsuite. Auf seinem Telepostbildschirm am Schreibtisch blinkte ein Lämpchen. Er drückte die Taste für den mailbox-Speicher und ließ sich die Meldung anzeigen.

Die Wartezeit vertrieben sich die drei am wandhohen Bürofenster. Unten auf der Straße entdeckten sie Ricks Sportwagen mit dem festgezurrten Mr. Chips auf dem Rücksitz.

Mona dachte an den verunglückten Raketenstart. „Stellt euch mal vor, wenn es mit der Zündung geklappt hätte, würde er jetzt nicht so blöd da unten sitzen, sondern hätte eine gute Portion Astronauten-Know-how in seinen RAMs und obendrein Ricks privaten Geschwindigkeitsrekord gebrochen."

„Und Ricky würde ihn da unten zu überbieten versuchen!"

„Ich buchstabiere H A komma H A – so einen ausgelutschten Knatterwitz hätte ich nicht einmal von dir erwartet, Tommilein. Im übrigen weiß ich selbst, daß ich schnell fahre. Und wenn du vielleicht irgendwann mal würdigen könntest, daß ich mich und euch nicht nur schnell, sondern auch sicher durch die Gegend befördere, dann gestehe ich dir auch gerne zu, daß du eines Tages vielleicht sogar in der Lage bist, in unserer komplizierten Welt von heute eine Anfängerportion Durchblick zu schieben... Na ja, und außerdem würde ich jetzt gern nach Hause fahren."

Betretenes Schweigen. Das war wohl Ricks wunder Punkt gewesen. Mona wollte gerade zu einer supersanften Beschwichtigung Luft holen. Doch bevor Tom und Mona sich dazu äußern konnten, war eine weitere Meldung über Telepost angekommen. Diesmal ertönte kurz ein Alarmsummer. Die drei Freunde bemerkten, daß sich Mr. Bensons Miene veränderte, während er die Meldung las.

„Dad, stimmt was nicht?"

Mr. Benson schüttelte den Kopf und scannte weiter durch.

„Ich soll heute abend bei CommTech vorbeischauen", murmelte er.

„Haben die den Satelliten gekriegt?" erkundigte sich Rick.

Mr. Benson hob die Schultern. „Das werd' ich erst dort erfahren."

Er bat die Freunde jetzt zu gehen, damit er sich mit seinen Kollegen besprechen könne. Das heißt, so lange, bis er etwas über den EDEF erfahren hätte, könnten sie noch bleiben.

Mike Benson wandte sich an einen der dienstälteren Programmierer. „Laß mal eine Anfrage einspeichern."

Sie erreichten einen Beamten der Nationalen Raumfahrtbehörde. Mit Hilfe von Bendatacons Zulassung zur Abfrage von Daten der Geheimhaltungsstufe 3B – Zivile erdnahe Orbital-Raumfahrt – forderte der Programmierer die neuesten Meldungen über EDEF an.

„EXTENDED DURATION EXPOSURE FACILITY – ERFOLGREICH VON DER RELIANCE AUF UMLAUFBAHN 12 GESTARTET. ENTHÄLT 54 EXPERIMENTE AN BORD: 15 DER PRIVATEN FORSCHUNG, 36 DER INDUSTRIEFORSCHUNG UND 3, DIE ALS ‚STRENG GEHEIM' AUSGEWIESEN SIND. AUGENBLICKLICHE LAGE: NÄHERT SICH DER VORGESEHENEN UMLAUFBAHN AN."

Diese Meldung auf dem Bildschirm des Programmierers ließ alle ein wenig aufatmen. Immerhin konnten sie nun sicher ein, daß der EDEF noch arbeitete. Von den Pannen der Reliance und des COMTEX schien der EDEF verschont geblieben zu sein. Mona seufzte hörbar. Immerhin war ihre Erfindung an Bord.

„Vielen Dank auch." Mona hatte die Initiative für den Aufbruch ergriffen. „Jetzt können wir doch einigermaßen beruhigt sein."

Auf dem Weg in Richtung Ausgang deutete Rick plötzlich nach vorne. „Ey, was machen die denn da?"

Und schon rannte er nach draußen. Mona und Tom hinterher. Am Wagen hatte Rick mit zwei Frauen einen harten Wortwechsel.

Die eine versuchte einzulenken. „Wir wollten uns das Ding hier nur einmal aus der Nähe anschauen."

Darauf ihre Freundin: „Wir dachten, es wäre ein Ausstellungsstück."

„Ist es aber nicht!" fauchte Rick zurück. „Es ist Privateigentum!"

Sein Ton ließ die beiden Frauen ein wenig zurückweichen.

„Beruhig dich wieder, Ricky." Mona wandte sich an die beiden Frauen. „Er ist sehr leicht reizbar, wenn jemand sein Auto berührt."

„Mona, darum ging es gar nicht! Die haben Mr. Chips angefaßt."

Ach so. Jetzt konnten Mona und Tom nachvollziehen, weshalb Rick ausgerastet war. Tom beobachtete die Frauen aus den Augenwinkeln. Beide trugen blaue Overalls und große Sonnenbrillen. Um die Handgelenke hatten sie die gleichen Faseroptikarmbänder. Immerhin waren die Frisuren verschieden. Die eine hatte langes braunes Haar, die andere lockiges rotes. Sie war es, die zuerst auf Ricks Ausbruch reagierte.

„Du scheinst ja wirklich etwas empfindlich zu sein. Aber du wirst damit rechnen müssen, daß jeder, der an deinem Wagen vorbeikommt und diesen kleinen Roboter auf dem Rücksitz festgeschnallt sieht, genauer hinschauen möchte."

Ihre Freundin deutete auf ein älteres Paar, das näher kam. Als sollte die Behauptung der rothaarigen Frau bestätigt werden, hielten die beiden tatsächlich an, und die Frau zeigte auf den Roboter.

„Sieht etwas dümmlich aus, findest du nicht auch?"

„Das sind diese Blechdinger doch alle – jedenfalls hat noch keiner den Nobelpreis gekriegt, oder?" Das ältere Ehepaar ging weiter. Rick mußte stark an sich halten. Die beiden Frauen lächelten schadenfroh und wiederholten mit leicht affektiertem Tonfall, was sie soeben gehört hatten: „Sieht etwas bescheuert aus, findest du nicht auch?"

„Tja, so sind Roboter nun mal." Dann gingen die beiden Frauen weiter. Rick hätte ihnen am liebsten irgendwas hinterhergerufen, aber Tom und Mona brachten ihn dazu einzusteigen.

„Komm, vergiß es", riet ihm seine Schwester.

Es hätte sowieso keinen Sinn gehabt, auf dieses taktlose Verhalten einzugehen. Außerdem gab es Wichtigeres.

Rick fuhr durch die Stadt und bog dann in den Matrix Boulevard. In der Einfahrt von Nummer 209 hielt er an. Kay Powell, die Mutter von Mona und Rick, kam zur Tür. Sie hatte die Reifen quietschen gehört.

„Ich hätte ja nicht gedacht, daß ihr schon so bald zurück sein würdet." Sie lächelte zur Begrüßung. Als sie Mr. Chips bemerkte, fragte sie, was denn mit dem Start gewesen sei.

„War nix mit Starten", murmelte Mona und ging ins Haus.

„Hängt das irgendwie mit der Reliance zusammen, die jetzt zurückkommen soll?"

Mona blickte zu ihrer Mutter hinüber. „Du weißt aber auch alles", meinte sie mit einem überraschten Lächeln. „Chips hatte erst einen Fehlstart, und dann wurden alle Starts gestrichen."

Tom half Rick dabei, Mr. Chips loszuschnallen. Als Mrs. Powell die Jungen sah, wie sie gemeinsam hantierten, erinnerte sie sich an frühere Zeiten. Die beiden waren zusammen aufgewachsen und standen sich so nah, wie es in glücklichen Fällen bei Brüdern zutrifft. Rick oder Tom mußten ja nur quer über die Straße gehen, um einander zu besuchen. Auch ihre Familien, die Powells und die Bensons, hatten engen Kontakt. Und Kay Powell war froh, mit den Bensons befreundet zu sein. Gerade in der Zeit, als ihr Mann die Familie verlassen hatte und sie anfangen mußte, allein für sich und die Kinder zu sorgen, hatten die Bensons sie sehr ermutigt. Auch als es darum ging, ihren Beruf als Mathematiklehrerin wieder aufzunehmen.

„Ich hab' übrigens deine Spinnen gefüttert."

„Danke, Mom."

Obwohl sie sich jedesmal überwinden mußte, gab Mrs. Powell den neuen Lieblingen von Mona was zu fressen. Ab und zu wenigstens.

„Irgendwas Besonderes?“

„Nicht, daß ich wüßte.“ Mrs. Powell lehnte am Türstock zu Monas Zimmer. „Wie immer. Die Käferchen waren im Nu weg. Aber die ganze Zeit bin ich natürlich auch nicht dabeigestanden.“

Mona spürte, daß ihre Mutter sich vor den Spinnen ekelte, und lachte kurz auf. Mona hob den Deckel des Glaskastens an und beugte den Kopf etwas hinein. Die Tierchen hatten sich hinter die Miniaturfelsen verkrochen. Damit die verschiedenen Spinnenarten eine möglichst angemessene Umgebung bekamen, hatte Mona in das Terrarium eine Wüstenlandschaft hineinimprovisiert.

Monas Mutter lehnte immer noch in der Tür, die Arme verschränkt. Trotz des Glaskastens fühlte sie sich um so wohler, je weiter sie von den Spinnen weg war. Etwas wollte Mrs. Powell noch loswerden: „Mona, ich möchte zwar keine genauen Berechnungen anstellen, aber ich könnte mir vorstellen, daß ich die glücklichste Mutter in Stanton wäre, wenn du nur halb soviel Zeit für dein Zimmer aufwenden würdest wie für deine Krabbeltierchen.“

Mona hatte sich in der Zwischenzeit ein faules Spinnentier vorgenommen, das immer noch nicht hinter dem Stein hervorkriechen wollte. Mit leichten Stubsern versuchte sie, es in Bewegung zu versetzen. Ohne aufzublicken erwiderte sie schließlich: „Und warum kriegt Rick das nicht mal gesagt?“

„Hat er bereits. Und er hat's auch eingesehen.“

Mona schüttelte den Kopf. „Oh, Mom!“

Nachdem Mrs. Powell gegangen war, konzentrierte sich Mona wieder voll auf ihre Versuchstiere. An einer Seite des Terrariums hatte sie eine Videokamera befestigt, die auf Zeitrafferbetrieb geschaltet war und sich alle zwei Minuten für die Dauer von zehn Sekunden auf Normalgeschwindigkeit umstellte. So konnte Mona am Abend den Tageslauf der Spinnen auf dem Videoband noch mal betrachten, zusammengefaßt auf eine Stunde, und so verfolgen, wie die Spinnen ihre Netze webten, sich in den Sand gruben und was sie sonst noch tagsüber taten.

Mona schaute auf den Timer am Videorecorder. „Noch sechs

Stunden. Bin ja gespannt, wie ihre kleinen Artgenossen im Weltraum funktionieren."

Lange würde es nicht mehr dauern, bis sie darauf eine Antwort bekam. An ihren neuen Hausgenossen wollte Mona nicht nur die üblichen natürlichen Verhaltensweisen beobachten. Die Spinnen hier waren nur ein Teil ihres wissenschaftlichen Versuchs. Jedes dieser Tiere hier im Glaskasten hatte nämlich einen Zwilling im Weltraum. Mona hatte sie im EDEF unterbringen lassen, der mit der Reliance hinaufgeschickt worden war.

Tom kam herein. „Na, wie geht's den Daheimgebliebenen?"

„Ein bißchen einsam, vermutlich."

Hinter Tom trat Monas Bruder ins Zimmer. Rick und Tom standen am Terrarium und beobachteten die Spinnentiere, die zwei Netze webten. In einem dritten Netz hing noch ein Tier, und die vierte hatte sich hinter einem „Felsen" verkrochen.

„Die hat sicher mitgekriegt, daß Rick da ist."

Monas Bruder überhörte den Seitenhieb. „Zeig doch mal das neueste Video."

Mona gab ihm die Kassette. Rick wollte sich noch einmal vergewissern und schaute kurz nach dem Datum. „Mal sehen, ob nicht doch schon was runtergemeldet worden ist. Könnte ja einfach mal ganz normal funktioniert haben, meinste nicht?"

Tom wandte ein, daß es dafür noch zu früh wäre. „Aber es kann ja nicht schaden, wenn wir schon alles auf Empfang stellen. Oder was meinst du, Mona?"

Tom und Mona lächelten sich zu bei dem Gedanken an das bevorstehende große Ereignis. Rick ging voran zu den Bensons hinüber; Mona und Tom mit Mr. Chips hinterher. Vor dem Haus Matrix Boulevard 208 war kein Wagen zu sehen. Also mußten Toms Eltern unterwegs sein. Und das bedeutete, daß sie nicht vergessen durften, die Alarmanlage abzustellen, bevor sie ins Haus gingen. Tom tippte den Code ein, um das Zahlenschloß neben der Haustür zu öffnen. Er hatte mit Sergeant Dalby um eine Runde Riesensnacks im Big Byte gewettet, daß er innerhalb von 12 Monaten keinen Fehlalarm mehr auslösen würde. Einige Male hatte er nämlich vergessen, die Alarmanlage abzustellen und so innerhalb kürzester Zeit Besuch von einem Streifenwagen der Stantoner Polizei bekommen. Von diesem Zahlenschloß aus gab es nämlich eine Direktverbindung zur örtlichen Polizeistation, wo Alarm ausgelöst wurde, falls jemand einbrechen wollte. Und mittlerweile hatte Tom selbst schon so oft Alarm ausgelöst, daß er bereits eine Verwarnung bekommen hatte. Beim nächsten Mal sollte – neben der verlorenen Wette – auch eine Gebühr fällig werden.

„Soweit alles klar, Captain Tom?“ Rick ließ auch keine Gelegenheit für eine Anspielung verstreichen. Mona und auch Tom mochten seine Späßchen. Und Rick brauchte ein Publikum. Eines Tages, so hatte Tom sich vorgenommen, würde er soweit sein, daß er die Mikroschaltkreise von Mr. Chips darauf programmieren könnte, auf Ricks speziellen Humor zu reagieren. Heute abend aber lief bei Mr. Chips eines der üblichen Programme ab. Er bewegte sich zur rückwärtigen Garagentür der Bensons, hob einen Arm, ruckelte noch ein Stück vorwärts, und der Arm verschwand zum Teil in einer Mauervertiefung, wo er einen Schaltdecoder aktivierte, der das Garagentor öffnete.

Mr. Chips zog den Arm zurück und blieb stehen. Ricky deutete eine Verbeugung an. „Besten Dank, mein Lieber.“

Die Freunde betraten nun den Teil der Garage, in dem sie unter Mr. Bensons Anleitung ihre Werkstatt eingerichtet hatten. Viele ausrangierte Bauteile aus dem Bereich der Spitzentechnologie hatten sie hierhergebracht und so weit verändert, daß sie für neue Zwecke eingesetzt werden konnten. Zur Zeit waren sie dabei, etliche Umbauten vorzunehmen. Erst kürzlich hatten Tom und Rick die Öffnung für ein neues Oberlicht eingebaut.

„Das bringt schon einiges“, kommentierte Mona. „Es war schon ganz schön schummrig hier. Und überhaupt, jetzt könnt ihr ja auch Pflanzen reinstellen.“

„Und wer soll die gießen?“ erkundigte sich Tom.

Mona deutete auf den kleinen Hausroboter.

Tom schien die Lösung einzuleuchten. „Wenn du willst, mach

mal. Aber paß auf, daß die Sachen hier kein Wasser und auch keine Erde abbekommen. Wanzen und Läuse wären auch nicht gerade mein Traum, und zwar in keiner Erscheinungsform."

Den letzten Teil des Satzes hatte er besonders betont. Die Freunde waren sehr darauf bedacht, daß niemand ungebetenerweise an ihren Versuchen teilhaben konnte. Auch die Dachluke hatten sie so verspiegelt, daß keiner reinschauen konnte. Mit dem Fensterglas, durch das man nur hinaus, aber nicht hereinschauen konnte, hatten sie gleichzeitig sichergestellt, daß die umlaufenden Satelliten den Beobachtungsposten der Freunde nicht entdecken konnten.

Rick kletterte auf eine Leiter zur Dachluke. In der Mitte der Luke hingen drei Lichtleiter, die mit einer schüsselförmigen Metallschale verbunden waren. Und aus der Mitte dieser Parabolantenne ragte ein kleiner Zylinder in Richtung Himmel.

„Scheint in Ordnung zu sein", rief Rick von der Leiter.

Tom meinte, es gäbe nur einen Weg, das herauszufinden.
Er drückte einige Knöpfe auf dem Steuerpult. Koaxialkabel waren mit einer Empfangs- und Dekodiereinheit verbunden, auf der ein Videomonitor stand. Damit sollten die Satellitenfunksignale, die durch die Parabolantenne aufgefangen wurden, umgesetzt und dargestellt werden. Für die tägliche Wetterkarte funktionierte es auch schon seit einer ganzen Weile bestens. Ein Doppelpieps aus dem Monitorlautsprecher zeigte an, daß die internen Selbsttestroutinen erfolgreich abgeschlossen waren. Die Geräte arbeiteten offensichtlich einwandfrei. Allmählich konnten sie auf dem Monitor ein ziemlich verschwommenes Bild sehen.

„Stell mal unten rechts die Fokussierung schärfer", riet Tom.

Rick drehte langsam eine Stellschraube am Antennenzylinder und überprüfte anschließend die Steckverbindungen der Lichtleiter. Das Ergebnis konnte Tom am Monitor verfolgen. „Jetzt ist das Bild klar. Die Nachführautomatik haben wir prima justiert."

Die Antenne arbeitete nun im Radarmodus. Es war eine heikle Betriebsart, bei der aufgrund der vergleichsweise hohen Sendeleistung die Gefahr, durch Funkpeiler der Post geortet zu werden, am größten war. Alle drei blickten angespannt auf den Monitor. Ein kleiner Leuchtfleck lief über den Bildschirm.

„Das dürfte ein Wettersatellit sein", murmelte Tom vor sich hin und lud das Skywatchprogramm, mit dem er derartige Satelliten aufspüren konnte.

Innerhalb weniger Sekunden war der Satellit identifiziert: Auf dem Bildschirm erschien oben links ein rechteckiger Ausschnitt. In diesem „Fenster" stand die Angabe: ‚NOR.AM.WEATH.SAT. 11e'. Tom schaltete auf Empfang. Auf dem Bildschirm erschien nun ein Wetterkartenausschnitt. „Aha, über Stanton ist es wolkenlos!"

„Na so was – und dafür brauchst du 'nen Wettersatelliten. Guck doch mal aus dem Fenster", frotzelte Rick. Mona kicherte. Die drei waren erleichtert. Sie genossen es, daß die Geräte jetzt für die Übertragung fertig eingestellt und betriebsbereit waren. Nun konnten sie sicher sein, die Meßdaten aus dem EDEF einwandfrei zu empfangen. Dann würden sie endlich erfahren, was der EDEF ausrichten konnte.

Tom spürte die Vorfreude der beiden anderen sehr deutlich. Er wollte sie keineswegs dämpfen, aber er hatte das Gefühl, sie wieder in die Gegenwart zurückholen zu müssen. „Ey, ihr beiden, vor fünf Uhr früh wird sich da gar nichts tun. Habt ihr eine Idee, was wir bis dahin machen könnten?"

Mona schlug vor, das Startprogramm bei Mr. Chips noch mal durchzuchecken.

Rick war davon nicht so begeistert. „Das hat doch Zeit. Die Raketengesellschaft hat doch eine Warteliste, und auf der stehen wir ganz unten. Wenn ihr mich fragt, es wäre am vernünftigsten, wenn wir uns noch aufs Ohr legten."

„Das wird sich noch zeigen", meinte Tom. „Aber bevor du abziehst, wie wär's mit dem neuesten Spinnen-Video?"

Rick grinste: „O ja, die Rückkehr der Killer-Spinnen."

Zwei Minuten später lief auf dem 36-Zoll-Monitor Monas Spinnen-Tagesschau. Durch die Nahaufnahmen wirkten die Tiere größer. In Zeitraffertempo bekamen sie deren Tageslauf vorgeführt. Am meisten beeindruckte die drei, wie die Tiere ihre Netze spannen.

Monas Wangen glühten. „Ich kann's gar nicht erwarten, bis ich das hier mit den Netzen vergleichen kann, die die ‚Kollegen' im Weltraum gemacht haben."

Darin bestand ihr Experiment. Sie versuchten herauszufinden, ob die Schwerelosigkeit einen Einfluß darauf haben würde, wie die Tiere die Netze webten. Sie wollten sehen, ob sich ein Unterschied feststellen lassen würde zwischen dem, was die Spinnen in Monas Glaskasten machten, und dem Verhalten im Weltraum. Wenn die beiden Versuchsgruppen im Lauf eines Jahres wieder zusammengebracht sein würden, hier unten auf der Erde natürlich, dann hofften Mona, Rick und Tom die Antwort auf zwei Fragen zu erhalten: Inwiefern haben sich die Bedingungen im Weltraum auf das spätere Verhalten der Tiere ausgewirkt. Und zweitens: Ist das Experiment übertragbar?"

„... und unsere Astronauten können von diesen Kreaturen noch etwas lernen. Ist das nicht irre?"

Tom und Mona stimmten Rick zu. Immerhin war ja ein Hund das erste Lebewesen, das man ins All geschickt hatte. Und verschiedene Affenarten hatten auch schon die Erde umkreist. Ja sogar Honigwaben waren unter den Bedingungen der Schwerelosigkeit entstanden. Und stets hatten die Menschen von diesen Tieren etwas gelernt.

Als Mona das Band zurückspulen ließ, verschwanden die Netze von der Wand. Übrig blieben die Bilder von brütenden Spinnen, die in die Kamera starrten.

Mona schüttelte sich. „Das ist Bildmaterial für Alpträume."

„Und ich dachte, für dich wäre so was inzwischen alltäglich."

„Aber doch nicht, wenn die Dinger so riesengroß sind."

Die Freunde beschlossen, morgen früh weiterzumachen. Dann würde auch der EDEF-Satellit in einer Position sein, von der sie seine Signale empfangen könnten.

Mona und Rick gingen nach Hause. Tom schloß die Werkstatt ab. Über die Schlafpause war nun auch Mona recht froh.

Rick betrachtete den Himmel. „Sag mal, Mona, hast du mal überlegt, ob die Spinnen da oben mit deinen Tierchen im Glaskasten Verbindung haben?“

Mona hob leicht die Augenbrauen. „Natürlich hab' ich das. Warum sollten sie nicht? Wenn es doch kilometerweit in der Wüste klappt, wieso nicht im Weltall?“

Die Vermutung war berechtigt. Das mußte Rick zugeben.

Mrs. Powell, die Mutter der beiden, saß noch in ihrem Arbeitszimmer. Sie tüftelte gerade eine Mathearbeit für einen ihrer Sommerkurse aus. In der Küche gäb's noch eine Kleinigkeit. Damit verabschiedete sie die Kinder.

„Ich brauch' nichts mehr“, meinte Mona und ging in ihr Zimmer.

„Tja, und ich muß leider auf meine Linie achten“, bedauerte Rick.

In ihrem Zimmer knipste Mona das Licht an und holte sich aus dem Schrank ein Nachthemd. Als sie sich umdrehte, um es auf das Bett zu werfen, sah Mona, daß der Deckel des Spinnenbehälters verschoben worden war. „Vermutlich Mom“, dachte sie. Mona legte die Glasplatte wieder so auf das Terrarium, daß es abgeschlossen war. „Gute Nacht, ihr Lieben.“ Als Mona jedoch genauer hinsah, erschrak sie. Die Spinnen waren weg. Die Netze hingen leer. Erst allmählich bemerkte Mona, daß sie auf seltsame Weise angeordnet waren.

Ferngleichschaltung

Den Abend verbrachte Mr. Benson im Zentrallabor der CommTech, der Communications Technology Ltd. Mike Benson war gebeten worden, sich für die Ankunft des COMTEX-Satelliten bereitzuhalten. Einige Firmenangestellte warteten auf den Sattelschlepper, den sie in den Montage-Hangar lotsen sollten. Sie wirkten nervös. Es ging immerhin nicht nur um ihren Ruf, sondern auch um ihre Jobs.

Auch zwei Beamte der Nationalen Raumfahrtbehörde waren

gekommen. Beide hatten zwar ordentlich gestutzte Bärte, aber recht schroffe Manieren. Ihre Augen blickten so wachsam, daß ihnen vermutlich keine Einzelheit entging. Mr. Benson erinnerte sich. Den einen hatte er neulich am Cape schon mal gesehen. „Natürlich dieser ellenlange Typ – Cliff Jarvis –“, ging es ihm durch den Kopf.

Cliff Jarvis kam jetzt auf Mr. Benson zu. „Hallo Mike!“

„Schön, Sie wiederzusehen“, antwortete Toms Vater. „Schade, daß es nicht unter angenehmeren Umständen der Fall sein kann.“

Cliff Jarvis blieb reserviert. „Was aufsteigt, muß auch wieder runterkommen. Allerdings hätte ich nicht gedacht, daß es schon so bald geschehen würde.“

Einer der Männer gab Mr. Benson die neuesten Meldungen über die Reliance. Die Enttäuschung war fast allen anzumerken. Obwohl der EDEF erfolgreich auf seine Umlaufbahn geschickt werden konnte, waren zwei andere wichtige Versuche fehlgeschlagen.

Cliff Jarvis begründete die Entscheidung seiner Behörde: „Wir konnten nicht länger warten. Nachdem bei der Bodenkontrolle die ersten Berichte über die Lage des COMTEX-Satelliten eingegangen waren, rührte sich nichts mehr. Wir durften nicht riskieren, noch mehr Zeit zu verlieren, da wir ja nicht wußten, was los war.“

Nun schaltete sich sein Kollege Neil Clayton ein. „Es sah so aus, als sei der Raumgleiter in Gefahr.“ Clayton flüsterte fast nur noch: „In großer Gefahr.“

„Selbstverständlich lag uns die Sicherheit der Astronauten am meisten am Herzen“, erklärte Cliff Jarvis lächelnd. Es war allgemein bekannt, daß die nationale Raumfahrtbehörde das Leben ihrer Astronauten nicht unnötig aufs Spiel setzte.

Jemand rief vom Montage-Hangar herüber. Der Sattelschlepper mußte also angekommen sein. Kurz darauf rollten zwei Männer einen Aluminium-Container in das Labor. Die beiden Männer von der CommTech, die beiden von der nationalen Raumfahrtbehörde und Mike Benson, sie alle standen um den Behälter und schauten gebannt zu, wie er geöffnet wurde.

Dann hängte man eine Rampe in die Container-Öffnung. Langsam glitt der COMTEX-Satellit auf einer Rollpalette aus dem Behälter und bis zur Mitte des Labors. Da stand er nun endlich und konnte von allen Seiten besichtigt werden.

„Ganz schön ramponiert, das Gerät", kommentierte einer von den Technikern. „Sieht aber gar nicht nach gewöhnlicher Abnutzung aus."

Und der Chef der Forschungsabteilung meinte: „Der muß ja total überholt werden."

Während die anderen weiter ihre Ansichten über den Zustand des Satelliten austauschten, schauten sich Jarvis und Clayton die Solarpaddel etwas genauer an. Sie lagen noch in dem Aluminiumbehälter, da man sie für den Transport abmontiert hatte.

„Mike, kommen Sie mal bitte?"

Mr. Benson ging zu Cliff Jarvis hinüber, der mit seinem Kollegen Clayton noch am Container stand. Über die Rampe kletterte er hinein. Die beiden Beamten der Nationalen Raumfahrtbehörde deuteten auf die Paddel. Auf jedem standen eingraviert die Worte *„Glück für den Finder"*.

„Wer hat sich denn dieses Späßchen erlaubt?" entfuhr es Mr. Benson.

Die Miene von Jarvis ließ erkennen, daß er nicht an einen Scherz glaubte. Mr. Benson bückte sich, um genauer hinzusehen. Mit den Fingerkuppen der rechten Hand strich er über die Buchstaben und wiederholte leise mit fragendem Ton: „Glück für den Finder?"

Er richtete sich wieder auf und wandte sich an die beiden Männer. „Was meinen Sie, was da geschehen ist?"

„Wir vermuten, daß auf der Umlaufbahn etwas passiert sein muß; also daß dieser Eingriff vorgenommen wurde, während der Satellit sich auf der Umlaufbahn befand." Neil Clayton hatte dies sehr leise gesagt. Ebenso leise fuhr er fort: „Nachdem der Funkkontakt abgebrochen war, dachten wir erst, daß an Bord irgend etwas nicht funktionierte. Aber als der Astronaut versuchte, den Satelliten einzufangen, begannen sich diese Paddel wie wild zu bewegen und hätten ihn beinahe geköpft. Die Besatzung meinte, sie hätten den

Eindruck gehabt, daß der COMTEX von irgendwoher ferngesteuert wurde."

„Und zwar von demjenigen, der uns auch diese Botschaft hat zukommen lassen; das ist ja wohl das Allerneueste, Graffiti im Weltraum – von wegen ‚Glück für den Finder', dem werden wir schon einen saftigen Finderlohn um die Lauscher klatschen", ergänzte Jarvis.

Jarvis und Clayton legten die Paddel wieder zurück auf den Boden des Transportbehälters und balancierten auf der Rampe hinunter. In der Zwischenzeit waren noch mehr Leute vom CommTech-Labor angekommen, um sich den Satelliten, „ihren" Satelliten, anzuschauen. Zwischen all den Schaulustigen standen auch zwei Frauen in blauen Overalls. Sie hatten Dienstausweise angesteckt, die sie als Sicherheitspersonal höchster Stufe auswiesen. Die eine hatte die Sonnenbrille in ihre gelockte rötliche Mähne geschoben. Als Cliff Jarvis sie gesehen hatte, ging er auf sie zu.

„Können wir diesen Transportbehälter versiegeln lassen?"

Die Frau nickte. „Mit den Solarpaddeln?"

„Ja, für die Inspektion hinterher."

„Verstehe", antwortete die Frau, auf deren Anstecker „Lisa Nessen" stand.

Daraufhin begleitete Mike Benson Frau Nessen, deren Assistentin Amy Creswall und Jarvis zu den anderen, die noch den Satelliten begutachteten. Sie wirkten allesamt recht nachdenklich. Mit ihrer Erfindung, für die sie zwar eine Auszeichnung erhalten hatten, war es nicht gelungen, eine wichtige Aufgabe zu erfüllen.

Ein Wissenschaftler schraubte die Abdeckung zum Hauptspeicher auf. Er enthielt die vollständige Aufzeichnung des Unternehmens. Sicher würde man mit Hilfe dieser Aufzeichnung auch den Grund für das Mißlingen herausfinden können. Ein anderer Wissenschaftler half ihm dabei, die Einheit herauszuheben.

„Nein! Das darf doch nicht wahr sein!"

Ein Raunen drang durch den Raum. Jeder versuchte, so nah wie möglich an den Mann heranzukommen.

Die Hauptspeichereinheit des COMTEX war in viele kleine Teile zerfallen.

„Schön ruhig bleiben, ganz ruhig!"

Mona versuchte, es sich zumindest einzureden. Auf keinen Fall wollte sie ihre Mutter wecken. Sollte die nämlich mitbekommen, daß die Spinnen irgendwo außerhalb des Terrariums herumkrochen, würde sie das ganze Haus zum Katastrophengebiet erklären.

„Mona, leuchte doch mal hier hin." Mit dem Lichtstrahl ihrer Taschenlampe folgte sie Ricks Finger. Dann seufzte sie erleichtert auf. An der Wand hinter dem Bücherregal krabbelten die Tierchen.

„Den Plastiksack", flüsterte Mona.

Die Spinnen waren von dem starken Lichtkegel wie hypnotisiert, so daß Rick sie leicht einfangen konnte. Nachdem die Insekten im Plastiksack saßen, eilten die Geschwister auf Zehenspitzen zurück in Monas Zimmer.

Dort wartete bereits Tom. Mit seiner speziellen Sofortbild-Kamera nahm er in der Zwischenzeit Hologramme von den seltsamen Spinnennetzen im Glaskasten auf. Sein tragbarer Holografiebetrachter konnte sie in allen Feinheiten wiedergeben.

Tom zeigte auf das Webmuster im Laserbild. „Das ist schon sehr eigenartig. Jedes Netz ist in sich verdoppelt." Mona und Rick konnten es auch deutlich sehen. „Vielleicht haben die Spinnen etwas besonders Merkwürdiges und Außergewöhnliches ‚erlebt'. Und möglicherweise ist das ihre Reaktion da drauf – diese ausgefallene Art, ihre Netze zu spinnen."

Tom schlug vor, diese Hologramme mit den früheren Aufzeichnungen zu vergleichen. „Vielleicht steckt dahinter irgendein System. Und wir können es nur jetzt noch nicht erkennen."

Diese eigenartigen Netzmuster hatten Mona so sehr beeindruckt, daß sie erst jetzt, nachdem Tom den Laser abgeschaltet hatte, die Spinnen in ihre Behausung zurücksetzte. Die Tierchen verharrten bewegungslos im Sand.

Rick deutete auf den Spalt zwischen der gläsernen Abdeckplatte des Terrariums und dessen Seitenwänden. Er schob die Abdeckung so zurecht, daß sie an allen Kanten abschloß. Dann verschwand er und kam kurz darauf mit einer Rolle Klebeband zurück. Kunstvoll improvisierte er ein Scharnier und sicherte die Platte auf der Vorderseite mit einem zusätzlichen Klebestreifen. „Da müssen sie rausgekrochen sein. Ein Glück, daß du es bemerkt hast und nicht unser Muttchen."

Mona blähte die linke Backe und lies dann langsam die Luft raus. Allmählich mußten die drei sich nun entscheiden. Sollten sie bis fünf Uhr früh wachbleiben oder noch ein bißchen schlafen?

Ricks Argument überzeugte: „Wir können ja nicht wissen, was morgen läuft. Wär' doch möglich, daß es ein langer Tag wird. Drum bin ich fürs Hinlegen."

„Aber diesmal", versprach Mona, „werde ich euch auch dann nicht wecken, wenn die Spinnen noch mal weg sein sollten."

„Die sollen sich bloß trauen!"

Tom und Rick schienen nicht so ganz dran glauben zu wollen, so daß Mona sich herausgefordert fühlte: „Wir können es ja drauf ankommen lassen."

Mit seiner Holografierkamera unter dem Arm ging Tom in seine Werkstatt hinüber. Er versuchte gar nicht erst einzuschlafen. Er konnte einfach nicht abschalten. Außerdem war tatsächlich etwas Eigenartiges geschehen, und so wie er sich kannte, wußte er, daß er ohnehin kein Auge zutun würde, bevor er nicht zumindest auf eine Spur gestoßen wäre.

Tom saß in der hellerleuchteten Werkstatt vor seinem CREX-plus. Er hatte den Hauptspeicher dieses PCs erst neulich ausgebaut – auf der Basis eines Magnetblasenspeichers und zweier Laserdisketten-Laufwerke. Mittlerweile gab es löschbare Laserdisketten zu erschwinglichen Preisen. Damit war sein Gerät so leistungsstark wie die früheren Großrechner. Und diese Speichererweiterung hatte ihn fast nichts gekostet. Er hatte die Hardware und das neuentwickelte Betriebssystem aus der Konkursmasse eines OEMs erworben. Und sein Vater hatte ihm geholfen, wenn er beim Installieren auf größere Probleme gestoßen war, die sich anhand der Dokumentation nicht mehr in den Griff bekommen ließen.

Tom sprach vor sich hin: „Vielleicht weiß der ja mit den abartigen Webmustern was anzufangen."

Er holte das Hologramm und bereitete den Laserprojektor vor. Dahinter plazierte er einen Experimental-Scanner mit extra starkem Auflösungsvermögen. Mit einem Lichtleiterkabel besonders hoher Übertragungsrate schloß er den Scanner an eine eigens modifizierte Schnittstelle an. Den Scanner hatte er auf einer optischen Bank befestigt, so daß er mit dem Sensorschirm des Scanners schrittweise das ganze Hologramm abtasten konnte. Dann schaltete er den Holografieprojektor ein. Im Raum wurde die 3-D-Abbildung der Spinnennetze sichtbar. Das Lichtwellenmuster wurde nun vom Computer aus sämtlichen Raum-Hauptrichtungen digital erfaßt und mit Hilfe eines Analyseprogramms verarbeitet, das er sich vor einigen Wochen von einem der Programmierer bei Bendatacon hatte überspielen lassen.

„Wenigstens kann ich's später mal mit den anderen Aufzeichnungen vergleichen."

Dann räumte er die Platten und das Lasergerät weg und konzentrierte sich auf die Dachluke. Er stellte die Parabolantenne auf Empfang, lud sein Skywatchprogramm und schaltete es auf Bereitschaft.

Tom war immer noch damit beschäftigt, dieses integrierte Programmpaket zu verbessern. Man mußte jetzt nur noch Zeit, Datum sowie die Himmelskoordinaten eingeben. Und nachdem das Programm sämtliche Varianten durchgespielt hatte, erschien mit Hilfe von Skywatch auf dem Bildschirm eine Grafik von allen umlaufenden Satelliten mitsamt dem Sternenhimmel. Dies bedeutete, daß es möglich war, für jeden beliebigen Punkt auf der Erde herauszufinden, von welchen Satelliten er gerade überflogen wurde. Auf diese Weise konnte er auf die aktive Radarerfassung weitgehend verzichten – denn dafür hatten die drei Freunde eigentlich keine Genehmigung. Und gegen diese Art von Schwarzfunk waren vor allem die Bundesbehörden besonders allergisch.

Tom wollte nun herausfinden, wo sich der EDEF gerade aufhielt. In einer Stunde etwa sollte er auf seiner vorgesehenen

Umlaufbahn erscheinen. Tom konnte es kaum mehr erwarten, bis der Leuchtfleck des Satelliten auf dem Bildschirm auftauchen würde.

„Bald ist ja der erste Bericht über unsere kriechenden Weltraumpassagiere fällig“, ging es ihm durch den Kopf.

Die Zeit bis dahin wollte Tom damit verbringen, das Startprogramm zu überprüfen, das sie Mr. Chips eingebaut hatten. Falls Mr. Chips durchgetestet werden müßte, so wäre dies eine günstige Gelegenheit. Den Programmier-Port von Mr. Chips verband Tom mit einem Koaxialleiter, den Tom an den CREX-plus und über einen doppelten T-Schalter außerdem an ein Oszilloskop und ein Test-Startprogramm anschloß. Dafür brauchte er etwa eine halbe Stunde.

„Und jetzt --- ab die Post!“

Auf dem Video-Monitor verfolgte Tom die Countdown-Routine: „Alle Systeme laufen... Abschuß erfolgreich... Bordcomputer läuft...“ Es war für Tom sehr befriedigend, dies zu lesen. Die Programmdatei in Mr. Chips hatte den Test bestanden. Also mußte der Fehler woanders liegen, und zwar im unteren Teil der Rakete.

„Die Raketengesellschaft wird wohl nicht drum rumkommen, sich ’ne neue Trägerrakete zuzulegen.“ Tom drückte bei Mr. Chips den Knopf, der das Werkstattüberwachungsprogramm auslöste, und Mr. Chips nahm seinen Rundgang auf. „Bei dir ist wirklich alles bestens, Kollege Robot.“

Gerade in dem Augenblick klingelte der Timer von Mr. Chips. Nun würden bald Mona und Rick rüberkommen, denn bei den beiden müßte es auch geläutet haben. Dieser Timer war nämlich mit je einem Funk-Relais in Monas und Ricks Zimmer verbunden. Es war fünf Uhr geworden.

Durch die Dachluke sah Tom die Morgendämmerung. Diese Tageszeit genoß er besonders.

Ein Gefühl von Stolz kam bei ihm auf, als er daran dachte, daß irgendwo, hoch über der Erde, ein kleiner Behälter mit seinem, Monas und Ricks Namen schwebte. Ob Mona und Rick sich das auch schon mal so deutlich vergegenwärtigt haben?

„Hallo, du bist ja auch wach!“ Fünf Uhr, das war geradezu heldenhaft bei Ricks Schlafgewohnheiten. Er nickte Mona und Tom gähnend zu.

„Sind wir schon auf Empfang?“ fragte Rick noch völlig verschlafen. Er konnte kaum die Augen offenhalten.

„Sind wir doch immer, oder vielleicht nicht?“ Tom war auch jetzt noch ganz munter.

„Sag mal, hast du denn überhaupt nicht geschlafen?“ wunderte sich Mona.

„Kein bißchen. Er ließ mir keine Ruhe.“ Dabei zeigte Tom auf den Roboter, der seine Runde drehte. „Ich hab noch mal sein Startprogramm durchgecheckt – völlig okay. Und das heißt, daß es an der Trägerrakete selbst gelegen haben muß.“

Die Freunde meinten, daß es für die Raketengesellschaft allmählich an der Zeit wäre, sich eine neue Ausrüstung zuzulegen. Falls sie Wert darauf legte, ihr Ansehen zu steigern. Allerdings würde es eine Weile dauern, bis sie den Betrag für neue suborbitale Raketen beisammen hätte.

Wie auch immer – im Augenblick gab es für die Freunde Dringenderes.

Skywatch schaltete sich ein. Im CREX-plus flossen die Daten, während die Schüssel-Antenne in der Oberlichtkuppel der Dachluke bereits Signale aus dem Weltraum empfing. Der große 36-Zoll-Bildschirm zeigte jetzt eine Graphik jener Satelliten, die die Erde umkreisten.

„Hier kommt der EDEF“, flüsterte Tom.

Ihrem Versuchsaufbau an Bord des EDEF hatten die Freunde einen Mikrotransceiver eingebaut, den sie den Behörden verheimlicht hatten. Der in den EDEF geschmuggelte Transceiver sandte mit Hilfe eines eingebauten Infrarotlasers ein besonders verschlüsseltes Signal aus, sobald er anhand der Auswertung der vorberechneten Umlaufzeiten in den Empfangsbereich der drei Freunde geriet. Dadurch wurde die Datenübertragung eingeleitet. Außer ihnen wußte niemand davon, denn die Nationale Raumfahrtbehörde hätte es niemals erlaubt.

Mona überprüfte noch einmal die Verbindung zwischen der Satellitenantenne und dem CREX-plus. „Sind wir soweit?"

Rick half Tom dabei, den Mikrolaser im Antennenzylinder auf Sendebereitschaft zu stellen. Sowie der CREX-plus an die Antenne gekoppelt war, konnten die Freunde mit dem Versuchsaufbau an Bord des EDEF Daten austauschen.

Während Tom noch einmal die Abgleichung des Infrarotlasers nachjustierte, murmelte er vor sich hin: „Eigentlich müßten wir jeden Moment die ersten Analyseberichte reinbekommen..."

Es klopfte an der Tür. Die drei erschraken. Aber es war Toms Mutter, die ein Tablett mit Toast, Eiern im Glas und Orangensaft brachte.

„Da ihr drei Arbeitsjunkies euch bestimmt nicht um ein Frühstück kümmern würdet, hier bitte schön."

Rick strahlte. „Oh, fantastisch, Mrs. Benson!"

„Übrigens, Ricky – das ist ein Frühstück für drei Personen..." Mrs. Benson war schon fast wieder an der Tür.

„Liebste Mrs. Benson, das habe ich wirklich nicht verdient...", maulte Rick hinter ihr her.

„Sag mal, ist Dad auch wach?" erkundigte sich Tom mit bereits halbvollem Mund. Laura Benson steckte noch einmal den Kopf durch den Türspalt.

„Dein Vater? Ich hoffe doch. Jedenfalls ist er noch nicht wieder zurück."

„Was?! Aber es ist doch schon sechs!"

„Er ist wohl immer noch an dem Satelliten zugange, dem von der Reliance."

Rick bedauerte es sehr, daß sie nicht auch dabeisein konnten.

Es war den dreien klar, daß ihre Aussichten äußerst gering waren, sich zum CommTech-Gebäude Zutritt zu verschaffen. Die Sicherheitsmaßnahmen dürften gerade jetzt sehr streng gehandhabt werden, wenn es um die Überprüfung des COMTEX ging.

Aber Tom tröstete sich mit der Aussicht, daß sie immerhin von seinem Vater einen Bericht aus „erster Hand" bekommen würden.

Mona, Tom und Rick verdrückten ihr Frühstück. Das Programm im CREX-plus lief planmäßig. Und eine andere Art „Futter" war bereits unterwegs. Etliche Gigabytes an Daten wurden gerade in die Speicher gespeist und von dort aus in graphische Darstellungen umgewandelt.

Mona warf einen Blick auf den wandhohen Monitor. „Geht das Bild noch besser?"

Tom drehte am K-Verstärker. Das Video-Signal wurde deutlicher. Bit für Bit tauchte ihr Weltraumexperiment am Bildschirm auf. Der Mikrolaser-Transceiver übertrug die Bilder der winzig kleinen Bordkamera.

Mrs. Benson staunte. „Daran also habt ihr gearbeitet."

„Sind die Disks für die Backups drin?" rief Mona. „Sonst glaubt es uns doch hinterher keiner!"

Innerhalb der EDEF-Kapsel spielte sich genau die gleiche Szene ab, wie vorhin in Monas Spinnenkasten. Die Spinnen waren nicht zu sehen, aber die Netze hatten sie auf eine ebenso befremdliche Art gewebt. Sie glichen sich tatsächlich aufs Haar.

Besuch in der „Vogelwarte"

„Na ja, das könnte ja vielleicht ganz interessant sein." Es war der Stimme von Mr. Benson anzuhören, daß er die Nacht über nicht geschlafen hatte.

„Was heißt ‚könnte vielleicht', es ist interessant!"

„Alles was ihr habt, mein lieber Tom, sind ein paar ganz nette Hologramme."

Die drei merkten, daß Mr. Benson nicht die geringste Lust hatte, darüber weiterzudiskutieren. Er lehnte an der Wand, betrachtete die Hologramme mit den Spinnweben und zuckte die Achseln. Sehr beeindruckt wirkte er nicht.

Mona versuchte es noch einmal: „Aber die stimmen haargenau mit den Spinnennetzen in meinem Glaskasten überein!"

Rick schlug vor, Mr. Benson sollte doch mal raten, welches Muster aus dem Weltraum kam und welches aus Monas Zimmer stammte.

Daraufhin fühlte sich Mr. Benson doch herausgefordert, wenigstens einen Anflug von Begeisterung aufzubringen. Obwohl er die Nacht damit zugebracht hatte, die Daten der fehlgeschlagenen COMTEX-Bergung zu überprüfen, glaubte er, den Freunden seine Expertenmeinung schuldig zu sein. Auch wenn sie darüber alles andere als erfreut sein würden.

„Also gut, schalt mal bitte das linke ab."

Rick knipste den entsprechenden Laserstrahl aus. Nun war es für Mike Benson leichter, das rechte Hologramm zu analysieren.

Im Raum war die Anordnung der eigenartig gewebten Spinnennetze durch Laser „aufgespannt". Nachdem er sich das Muster genau angesehen hatte, wollte er das zweite Hologramm dazugeschaltet haben. Zwei völlig gleiche Netzabbildungen hingen im Raum.

„Nun, sie sind identisch. Na und?"

Die Freunde waren verblüfft.

„Aber, sag mal, Dad, was heißt hier ‚na und'? Diese Dinger sind zur gleichen Zeit entstanden. Nur lagen da Tausende von Meilen dazwischen. Die da drüben sind nämlich von den Spinnen hier in Monas Zimmer und die anderen von deren ‚Zwillingen' im Weltraum!"

Mike Benson war müde. Er setzte sich, stand noch mal auf, schraubte sich mit der rechten Hand die Sitzfläche eines Drehstuhls höher, setzte sich wieder, rieb sich die Augen und lehnte sich gegen die Wand.

„Die Netze aus dem Weltraum könnten doch auch einfach Kopien von der anderen Hologrammplatte sein? – Was ich damit sagen will – wie wollt ihr denn beweisen, daß sie wirklich aus dem Weltraum kommen?"

Jetzt wurde es heikel für Mona, Tom und Rick. Der Laser-Mikrotransceiver an Bord des EDEF war ja illegal. Das offizielle Kommunikationssystem wurde von der Nationalen Weltraumbehörde versorgt. Über diese Behörde lief also der Datenaustausch zwischen dem Satelliten und all den Firmen sowie Privatpersonen, die Experimente an Bord hatten.

War ja auch verständlich. Wenn nämlich jeder der sechsundfünfzig Beteiligten ein eigenes Datenübertragungssystem mitgeschickt hätte, so wäre es vermutlich zu einem völligen Durcheinander bei der Übermittlung gekommen. Außerdem hätte es Probleme mit der Nutzlastobergrenze gegeben.

„Hört mal zu, ich bin jetzt einfach nicht in der Verfassung, um das alles mit euch gründlich durchzukauen. Ich hab' eine anstrengende Nacht hinter mir. Außerdem haben wir immer noch nicht herausgefunden, was mit dem einen Satelliten passiert ist. Das ist einfach nicht der richtige Augenblick, jetzt in aller Herrgottsfrühe, mich schon mit den nächsten Problemen auseinanderzusetzen."

Über die Arbeit am COMTEX-Versuch wollte er auch nicht sprechen. Es war jetzt acht Uhr. Die meisten Leute machten sich auf den Weg zur Arbeit. Mike Benson ging geradewegs in sein Schlafzimmer.

„Wohin führt das?" seufzte Rick.

„Wie schon so oft, mein Bester, wir sind wieder einzig und allein auf uns selbst angewiesen."

Diesmal klang Tom nicht so zuversichtlich wie sonst, wenn zunächst noch keine Lösung in Sicht war. Er schaltete die Laser ab. Keiner sagte etwas. Jeder ging für sich die Möglichkeiten durch. Langsam aber stieg in ihnen Ungeduld hoch.

Mona meinte schließlich, es kümmere sie herzlich wenig, was andere sagen oder glauben könnten. „Ich weiß, was ich gesehen habe. Und das ist immerhin einiges."

Tom und Rick nickten. Mona fuhr fort. „Vielleicht geschehen da oben noch ganz andere Dinge. Wir könnten doch versuchen, es herauszufinden."

„Können wir nicht." Rick klärte Mona darüber auf, daß der EDEF sich gerade auf der anderen Seite der Erde bewegte und sie ihn deshalb gar nicht erreichen könnten.

Tom hatte einen Einfall. „Im Augenblick geht es nicht. Aber wir haben es ja noch nicht über unsere Direktverbindung mit Hilfe der Raumfahrtbehörde versucht."

„Ja, klar. Daß wir darauf nicht eher gekommen sind!" Auch Mona und Rick waren wieder ganz bei der Sache. Falls es den dreien gelingen sollte, die Ergebnisse ihres Versuchs ein zweites Mal zu bekommen, und zwar nun über die offizielle Leitung, dann würde man ihrer Entdeckung sicher mehr Aufmerksamkeit schenken.

„Wer loggt on?"

Mr. Chips sollte entscheiden. Tom drückte auf den Knopf, der bei dem Roboter eine Drehbewegung auslöste. Derjenige, auf den sein Arm zeigte, sollte dran sein.

Tom lachte auf, als Mr. Chips beinahe mit Mona zusammengestoßen wäre.

„Ey, der scheint dich zu mögen!"

„Steht ja immerhin auf Platz zwei bei mir", rief Mona vom CREX-plus herüber. „Wie war noch mal das Paßwort?"

Doch bevor einer der Jungen geantwortet hatte, gab Mona es bereits ein: „SPINNEN & TRM". Einen Augenblick später erschien die Meldung „BITTE WARTEN".

„Der automatische Rückruf", murrte Rick und trommelte mit den Fingern gegen die Stuhllehne, die er nach vorne gedreht hatte. Er meinte das Sicherheitsprogramm, das bei Übertragungen immer mitlief. Wenn bei einer der Bundesbehörden das Paßwort für ihre Datenstation angekommen war und der Computer gerade eine Anfrage bearbeitete, wurde jede neue Verbindung gekappt. Über eine gesonderte Leitung startete die Behörde dann den Rückruf an den Benutzer, der das Paßwort eingegeben hatte. Auf die Daten der Nationalen Raumfahrtbehörde hatte nicht jedermann Zugriff, sondern nur Leute, die vorher auf ihre Vertrauenswürdigkeit getestet worden waren. Diese Benutzer waren auch erfaßt worden.

Bis sie die EDEF-Verbindung bekamen, vergingen einige Minuten.

„AN ALLE, DIE SICH FÜR DEN EDEF INTERESSIEREN. DIE EXPERIMENTE AN BORD LAUFEN. WEGEN AUFWENDIGER WARTUNGSARBEITEN VERZÖGERT SICH

DIE DATENÜBERMITTLUNG UM 24 STUNDEN. SIE WERDEN VERSTÄNDIGT."

„Wieder warten", maulte Mona.

Zwei Stunden vergingen. Mona war in ihr Zimmer gegangen und beobachtete die Spinnen. Rick bastelte an einem Ultraschall-Parksensor für seinen Sportwagen. Er wollte endlich damit fertig werden. Da kam Tom über die Straße. Die Schultern hochgezogen, Hände in die Taschen vergraben.

„Mit dem Timing wird's schwierig. Wie lange das hier noch dauert, kann ich dir nicht sagen." Von Rick war zunächst kaum was zu sehen. Die Motorhaube stand offen. Rick war fast ganz von ihr verdeckt. „Die Heizleitung für den Scheibenwascher ist schon wieder durchgescheuert. Ob das schon wieder diese perversen Marder sind, die auch Mas Bremsschläuche auf dem Gewissen haben...? Na jedenfalls funktioniert mein Fledermausprinzip."

„Dein Parksensor?" Tom beugte sich mit unter die Motorhaube. Rick legte die Klebepistole auf den linken Radkasten und bat Tom, ihm die Kombizange aus dem Werkzeugkoffer zu reichen. Der Sensor arbeitete auf den Zentimeter genau; jetzt war er zufrieden. Doch der Ausdruck auf Toms Gesicht verscheuchte dieses angenehme Gefühl.

„Was ist los?"

„Wahrscheinlich ist unser Satellit verschwunden."

Schweigen – seine Schrecksekunde endete, als die Kombizange klappernd hinter dem Bremskraftverstärker verschwand. Rick wollte sich aufrichten. Dabei knallte er mit dem Kopf gegen die Motorhaube.

„Uuuch – verdammter Bockmist!" Er drückte auf die schmerzende Stelle am Kopf. Doch gleich hatte er sich wieder gefaßt. „Verschwunden? Das ganze Riesending?"

Tom nickte. „Vor einer halben Stunde hätte er eigentlich schon wieder auf der geplanten Umlaufbahn kommen müssen. War aber nix – tote Hose. Ist sicher irgendwo auf'n kosmischen Trip abgetaucht." Er deutete auf das Fenster von Monas Zimmer. „Willst du's ihr sagen?"

Keiner wollte es dem anderen zuschieben, so stiegen sie gemeinsam zu Monas Zimmer hinauf. Sie hockte vor dem Glaskasten und beobachtete die Spinnen. Sowie sie die beiden hereinkommen sah, ahnte sie bereits, daß es nichts Erfreuliches sein konnte, was sie berichten würden.

Zu dritt gingen sie in die Werkstatt hinüber. „Ich hab' schon zweimal nachgefragt, und die Raumfahrtbehörde behauptet immer noch, daß alles in Ordnung wäre", erklärte Tom.

Sie setzten sich an den CREX-plus-Computer. Ein Blinklicht zeigte an, daß eine Meldung übermittelt wurde. Tom drückte auf ‚PRINT'.

„AN SPINNEN & TRM. VERSCHIEDENE REPARATURARBEITEN AN BORD VERZÖGERN DIE DATENÜBERTRAGUNG UM WEITERE 36 STUNDEN. DER SATELLIT BEFINDET SICH IMMER NOCH AUF SEINER VORGESEHENEN UMLAUFBAHN. DIE NEUESTEN DATEN WERDEN SPÄTER DURCHGEGEBEN."

Den Freunden kam der Verdacht, es könne sich hierbei nur um eine Hinhaltetaktik handeln, mit der die Nationale Raumfahrtbehörde Zeit für Nachforschungen gewinnen wollte. Vielleicht wußte man dort bereits mehr, als zugegeben wurde.

Mona schlug vor, noch eine Anfrage abzuschicken.

Tom war dagegen. „Damit vertun wir nur unsere Zeit. Wir können nur warten. Warten, warten – hast du gehört? Himmelarsch noch mal!"

Jetzt aktivierte er das Skywatchprogramm. Die Anlage im Oberlicht der Werkstatt arbeitete wieder im Radarmodus und empfing Bilder aus dem Weltraum. Sie flimmerten über den großen 36-er.

„Schaut mal, ist das nicht unser Spezialsignal?" Mona zeigte auf einen Leuchtpunkt, der über den Bildschirm glitt. Als dieser Punkt die Mitte des Planquadrates erreicht hatte, erschien am Rand des Planquadrates ein zweiter Satellitenleuchtfleck.

In Sekundenschnelle hatte Tom eine Vermutung parat: „Falls dies der EDEF sein sollte, ist jemand hinter ihm her!"

Im All bewegte sich EDEF mit vorschriftsmäßigem Kurs auf seiner Umlaufbahn. Sonnenstrahlen, die auf die metallene Oberfläche des Satelliten trafen, ließen ihn wie einen Edelstein funkeln. Dieses technische Wunderwerk schien für Pannen nicht anfällig zu sein. Doch plötzlich tauchte aus dem samtschwarzen Hintergrund des Weltraums ein winziger Punkt auf und nahm rasch die Konturen eines jener Standard-Fernsprechsatelliten des Typs K an, die in einem lückenlosen Netz geostationär um die Erde kreisten. Geostationär! Aber das hier war der K24, ein offiziell als veraltet abgeschriebener und später abgestürzt gemeldeter Satellit. Einige tausend Meilen von seiner ursprünglichen Umlaufbahn entfernt, war er nun dabei, sich von hinten an den EDEF heranzupirschen – offenbar ferngesteuert.

Die Entfernung zwischen den beiden betrug nur noch 600 Fuß. Ein rotes Aufblitzen! Und noch zweimal, der dritte etwa vier Sekunden. Strahlen aus einem Kampflaser! Einige helle Metallstükke trieben, sich wild drehend, langsam vom EDEF fort. An der Stelle, wo auf dem Gehäuse des Forschungssatelliten die Sendeantenne für die Datenübertragung herausgeragt hatte, waren nur noch schartiges Blech und Kabelgewirr zu sehen. Der ausgediente K24 befand sich mittlerweile unmittelbar neben dem taumelnden EDEF. Und dann ein sekundenlanger Strahl aus dem Steuertriebwerk des K24 – EDEF, mittlerweile außer Kontrolle, stumm und angeschlagen, war in eine neue Umlaufbahn mit ungewissem Ziel gestoßen worden.

„... es sollte aber schon wirklich sehr, sehr wichtig sein, Tommy, sonst wird dein Vater ziemlich ungnädig."

„Aber klar doch, Mom, und ob es wichtig ist, es ist ziemlich brenzlig!"

Als Laura Benson die Angst in Toms Stimme bemerkte, war ihr klar, daß es sich nicht um eine Kleinigkeit handeln konnte. Obwohl ihr Mann ausdrücklich darum gebeten hatte, nicht gestört zu werden, ging sie zu ihm und versuchte, ihn sanft wachzustreicheln.

„Sag ihm, ich käme gleich“, antwortete Mike Benson unter langgezogenem Gähnen.

Kein Wunder, daß er sich nicht sonderlich frisch fühlte. Ein Blick auf den Wecker sagte ihm, daß er nur zwei Stunden geschlafen hatte. So gut er es mit seiner Müdigkeit vermochte, beeilte er sich und ging hinüber in die Werkstatt. Mona, Rick und sein Sohn saßen am CREX-plus.

„Geht's darum?“ fragte er und zeigte mit dem Finger auf das Bild, das vom Skywatchprogramm auf den Monitor übertragen wurde. Wie es früher die computergesteuerten Radarsysteme für den Flugverkehr taten, gab Skywatch die genaue Position jedes Satelliten an, der sich innerhalb seiner Reichweite aufhielt. Tom rief die Zeitrafferberichts-Routine auf, und auf dem Bildschirm erschien ein Ausschnitt. In diesem Bildschirmfenster ging es nun ziemlich hektisch zu. Die Umlaufzeiten waren nun auf das 250fache geschrumpft. Ein rot blinkender Leuchtfleck tauchte auf und verschwand, tauchte wieder auf und verschwand wieder. In der Statuszeile war eine Zeichenfolge zu sehen – der Identifikations-Code für den EDEF.

Mr. Benson hatte sich das Auf- und Abtauchen wortlos eine Weile angesehen, dann drehte er sich zu den Freunden um. „Habt ihr denn schon irgendwas von der Nationalen Raumfahrtbehörde erfahren?“

Sie erzählten ihm von der vorläufigen Nachrichtensperre. Daraufhin beschloß Mr. Benson, selbst etwas zu unternehmen.

„Ich werde mal mit Cliff Jarvis sprechen. Er hat Verbindung mit dem Cape. Er wird an die Daten rankommen.“

Mike Benson verließ die Werkstatt und lief zum Haus. Über Vistaphon rief er im Stanton-Hotel an, wo Cliff Jarvis ein Zimmer hatte.

In der Werkstatt verfolgten Mona, Tom und Rick die Übertragung der merkwürdigen Ereignisse im Weltraum.

Immer noch das gleiche: Die Signale vom EDEF tauchten auf und verschwanden wieder vom Bildschirm. Machtlos schauten die Freunde zu, wie der Satellit mit ihrem Experiment an Bord auf eigenem Kurs lief.

Mona nahm jetzt einen Lichtgriffel und markierte eine kaum sichtbare Bewegung eines Leuchtflecks hinter dem EDEF-Bild. „Schaut euch das hier mal an."

Tom beugte sich vor. „Ohne Code."

„Vielleicht ist ein Stück vom EDEF abgebrochen", vermutete Rick. „Das würde außerdem erklären, warum er außer Kontrolle geraten ist."

Nach einigen Minuten verschwand das Signal wieder.

Tom versetzte dem CREX-plus einen leichten Schlag – als wolle er einen Wackelkontakt beseitigen. Aber der Leuchtfleck tauchte nicht wieder auf. „Vielleicht war's ein Meteorit."

„Oder dein Programm hängt wieder mal", meinte Mona.

Angesichts der Mühe, die sich Tom mit dem Skywatchprogramm gemacht hatte, war das nicht sehr nett von ihr.

Satelliten verschwinden nicht so einfach vom Bildschirm und tauchen dann wieder auf. Tom hielt an seiner Vermutung fest, daß es sich um einen Meteoriten handeln dürfte, und sagte es den anderen auch noch mal.

Als Mr. Benson in die Werkstatt zurückkam, ging etwas anderes von ihm aus. Am Morgen hatte er sich noch fast ein wenig lustig gemacht über die geheimnisvolle Ähnlichkeit, die zwischen den Spinnennetzen auf den Hologrammen bestand. Sogar seine Müdigkeit war wie weggeblasen, obwohl er nur zwei Stunden geschlafen hatte.

„Habt ihr das alles aufgezeichnet?"

Tom zeigte auf die Plattenlaufwerke in der Ecke. Die roten Lämpchen blinkten. Sie waren also eingeschaltet.

„Gut. Jarvis und die anderen wollen es sehen."

„Wann?"

„Jetzt. Sie sind schon unterwegs."

„Auweia!" Mona und Rick stöhnten auf.

Tom wußte, weshalb. „Wird wohl besser sein, wir lassen einiges hier verschwinden."

Mr. Benson verließ die Werkstatt und ging ins Haus hinüber.

Was Tom mit seiner letzten Bemerkung gemeint haben könnte, hatte Mr. Benson nicht weiter beachtet. Es schien, als hätte er es absichtlich überhört.

In der Werkstatt baute Tom zusammen mit den Geschwistern den Laser-Mikrotransceiver ab. Dieses Gerät sollten die Beamten der Nationalen Raumfahrtbehörde besser nicht zu Gesicht bekommen.

„Steck das mal hier in die Schachteln. Hoffentlich quetschen die uns nicht zu sehr aus."

„Tom? Sag mal, was wollen wir denen überhaupt zeigen?" Mona wollte dies zumindest in etwa jetzt schon abklären, um spätere Peinlichkeiten zu vermeiden.

Tom hob nur die Schultern. „Ich hab' sie schließlich nicht eingeladen."

„Sind Sie nicht Kapitän Marceau, der Astronaut?" Rick begrüßte Marceau beinahe ehrerbietig. Robert Marceau stand im Türrahmen der Werkstatt und lächelte.

„Soll das etwa heißen, ich darf nicht reinkommen?"

Mit diesem Besuch hatten die drei allerdings nicht gerechnet. Mona fiel jetzt Toms letzter Satz ein.

„Na, ich dachte, du hättest niemanden eingeladen, Tom?"

Einen Augenblick lang hatte es Tom wirklich die Sprache verschlagen. Er saß regungslos vor dem CREX-plus. Mona winkte Marceau herein. Rick ging auf ihn zu und gab ihm die Hand.

Er wirkte etwas verunsichert. „Wir haben Sie am Cape gesehen. Von uns ist nämlich auch ein Experiment an Bord der Reliance, und da mußten wir natürlich beim Start dabeisein."

Robert Marceau nickte verständnisvoll und schaute sich in der Werkstatt um. Er verbrachte fast seine gesamte Zeit in Tuchfühlung mit Weltraumtechnologie, und deshalb interessierte ihn jede Neuerung, auch wenn sie noch so unscheinbar sein sollte.

„Ach ja richtig, die Spinnen." Während er dies sagte, stellte er sich unter die Dachluke und betrachtete die Parabolantenne. „Sieht geradezu professionell aus – aha, Laserdetektor, Koax-Lichtleiter-

Anschlüsse zum Empfänger, nicht wahr? Und der Output? Wo wird das Ganze verarbeitet?"

Mr. Marceau kam gleich auf den Punkt. Er hatte nicht viel Zeit. Schließlich war er ja nicht als Privatmann gekommen.

„Also, was habt ihr da Schönes?"

Tom schaltete das externe Laufwerk ein. Das Bild gab den EDEF wieder, der außer Kontrolle im Weltraum taumelte. Wie schon gehabt: Der Leuchtfleck glitt ein Stück über den Bildschirm, verschwand dann wieder, tauchte wieder auf und so fort. Marceau stand hinter Tom und schaute ihm über die Schulter. Tom zeigte auf den Leuchtfleck, der hinter dem EDEF herjagte.

„Wir meinen, daß es ein Meteorit sein könnte."

„Oder ein Fehler im Programm." – Das war heute doch auch schon mal dran. Mona wiederholte sich.

Jedesmal, bevor der EDEF-Leuchtfleck verschwand, glimmte der zweite Fleck schwach auf. Eine Weile schaute der Astronaut dem Spielchen zu.

„Das ist weder ein Meteorit noch ein Fehler im Programm oder irgendein Störimpuls – was wir da sehen, ist ein Vogel."

„Ein – was? Da oben im Hochvakuum? Das geht doch gar nicht!" Das konnte der Astronaut nicht ernst gemeint haben.

Marceau merkte an der Reaktion, daß die drei den Ausdruck für Satellit nicht kannten, den Astronauten unter sich gebrauchten. Er zeigte auf die Gestirne um den Leuchtfleck.

„Alles andere ist stationär. Der EDEF kreist auf seiner Umlaufbahn, und der andere Vogel ist hinter ihm her. Wie lange habt ihr das denn schon beobachtet?"

„Seit heut früh." Rick wollte auch noch die Geschichte von den Spinnen erzählen, das heißt, von deren eigenartigem Verhalten. Gerade rechtzeitig war ihm noch eingefallen, daß er dabei auch die illegalen Hologramme hätte erwähnen müssen. „Wir haben gewartet, bis unser ‚Vogel' aufgetaucht ist."

„Jetzt sind wir dann bald alle lizenzierte Vogelkundler." Mona hatte gemerkt, daß Rick im letzten Moment etwas ganz anderes sagte, als er eigentlich vorgehabt hatte.

Während des allgemeinen Gelächters kam Mr. Benson mit einigen Besuchern. Allmählich wurde es voll in der Werkstatt. Mr. Benson stellte die Leute vor.

„Wir haben uns ja schon mal gesehen", meinte Tom, als er Lisa Nessen die Hand gab.

Sie konnte sich aber nicht erinnern.

„Aber sicher doch, gestern, als Sie mit Ihrer Kollegin..."

„Ach ja, ... den Roboter anschauten."

Die Begegnung war nicht besonders herzlich gewesen. Die beiden Frauen hatten sich etwas taktlos den dreien gegenüber verhalten. Es war auch für sie keine angenehme Erinnerung. Sie fühlten sich unbehaglich.

„Eure Hologramme von den Spinnennetzen würden mich sehr interessieren." Vielleicht ließe sich ja der negative Eindruck vom Vortag durch dieses Fachgespräch etwas wettmachen. „Wie habt ihr die denn so schnell bekommen?"

Nun war Tom klar, daß sie die Karten auf den Tisch legen mußten. Wer weiß, was ihnen blühte, wenn rauskam, daß sie einen illegalen Transceiver an Bord des Satelliten geschmuggelt hatten? Tom räusperte sich.

Doch das „Geständnis" blieb ihm erspart. Draußen hatte jemand aufgeschrien. Cliff Jarvis rannte vom Haus zur Werkstatt. Bei den Bensons hatte er das Vistaphon benutzt, um mit seinem Vorgesetzten am Cape Kontakt zu halten.

„Er ist weg vom Fenster – verloren, futsch!" brachte er noch mal ganz heiser hervor. Mona, Rick und Tom waren nicht sehr überrascht, aber Marceau verstand nicht.

„Was ist verloren?"

„Der EDEF!"

Ein „Betriebsunfall“

Unauffällig und scheinbar harmlos trieb der K24 in dem gigantischen Karussell von Satelliten und Weltraumschrott dahin – von der Erde aus hätte man ihn für einen Teil des dahindriftenden Orbitalmülls halten können, ein Überbleibsel aus dem Wettrennen um die Macht im All. Daß es mit dem K24 etwas anderes auf sich hatte, darauf deuteten die Laserstrahlen, die er immer wieder ausstieß.

Der EDEF taumelte inzwischen ohne Steuerung weiter und weiter von der Erde weg. Abwechselnd leuchteten seine roten und blauen Seitenteile im gleißenden Sonnenlicht auf, unterbrochen von dem blendenden Glitzern der blanken Metallflächen – ein hilflos kreiselndes Paket teuerster Spitzentechnologie. Was mit dem Satelliten und den Experimenten an Bord geschehen würde, blieb ungewiß.

K24 empfing ein verschlüsseltes Signal von der Erde. Er sollte den EDEF weiterverfolgen und mit einem weiteren Laserstrahl vollends außer Gefecht setzen.

Kurz darauf schickte K24 die codierte Erfolgsmeldung zur Erde.

Auf einer der karibischen Inseln wurde dieses Signal des K24 in einer gut getarnten Bodenstation aufgefangen. Daraufhin folgten weitere Befehle an K24, die der Satellit auch ausführte. Ein lange vorbereiteter Plan konnte nun endlich umgesetzt werden.

Aus der Spitze von K24 wurde ein dünnes Stahlkabel herausgeschossen, in dem sich jetzt die Solarpaddel des EDEF verfingen. Dann wieder Stöße aus den Steuerdüsen des K24. Die unkontrollierte Taumelbewegung hatte aufgehört. Scheinbar bewegungslos trieb das Gespann im All. Die Kontrollstation in der Karibik übermittelte noch weitere Anweisungen.

„Was Neues über die Spinnen?“ wollte Mona wissen.

Marceau schüttelte den Kopf. Mit einer Gruppe von Leuten standen sie auf der Beobachtungsplattform im Gebäude der CommTech. Marceau blickte zu Mike Benson hinüber, der gerade mit Jarvis sprach. Bevor er sich zurückzog, murmelte Marceau im Vorbeigehen: „Vielleicht kann irgend jemand dem Mädchen verklickern, daß die Spinnen im Augenblick unser geringstes Problem sind.“

Mr. Benson und Jarvis hielten in ihrem Gespräch inne. Sie merkten, daß Mona verletzt war. Mike Benson nickte Jarvis kurz zu und ging zu Mona.

„Das sollte doch nicht heißen, daß sich keiner darum kümmert. Marceau steht eben ziemlich im Streß, wie jeder hier, der mit der EDEF-Geschichte zu tun hat.“

Mona hatte trotzdem Angst um ihr Experiment. Enttäuscht war sie auch. Daß der Tag heute die totale Pleite bringen würde, hätten sie und ihre Freunde sich nicht gedacht. Nicht nur ihr Experiment schien verloren, auch noch dreiundfünzig andere und der Satellit.

„Und wer kümmert sich drum?“ Darauf wußte Mr. Benson auch keine genaue Antwort. Mit Halbwahrheiten wollte er Mona nicht vertrösten. Er ging wieder zu Jarvis. Vielleicht würde er, der immerhin die oberste Raumfahrtbehörde vertrat, Mona sagen können, was als nächstes unternommen wurde.

„Wir werden tun, was wir können“, versprach Jarvis. „Außer eurem und den anderen Experimenten aus dem zivilen Bereich sind noch zwei geheime militärische an Bord. Nicht mal ich weiß Genaueres darüber. Aber eines kann ich dir versichern: Sie sind von so großer Bedeutung für unser Land, daß wir es uns auf keinen Fall leisten können, sie in die Hände von Unbefugten fallen zu lassen.“

Mona Powell und Mike Benson hatten aufmerksam zugehört. Jetzt begriff Mona, weshalb Marceau so ungehalten war.

Mr. Benson zeigte auf Tom und Rick, die bei dem COMTEX-Satelliten standen. „Komm, geh doch auch rüber.“ Tom und Rick hatten sich zwischen die Wissenschaftler von CommTech gedrängt, die damit beschäftigt waren, den Satelliten zu zerlegen.

Mona hatte sich zu Tom durchgeschlängelt. Flüsternd erkundigte er sich, ob man denn bereits etwas herausgefunden habe.

„Null Ahnung. Ich war mit deinem Vater und Jarvis drüben auf der Plattform.“

„Vielleicht müssen wir die Typen doch wieder in die Werkstatt abschleppen. Wenn die hier keine ordentliche Computer-Analyse hinkriegen.“ Etwas unbehaglich war es Rick schon bei dem Gedanken. Nicht nur ihm.

Als Marceau sich angesehen hatte, was die Freunde in ihrer Werkstatt noch zu bieten hatten und mitbekommen hatte, auf welche Weise es ihnen gelungen war, den Satelliten unter all dem umherirrenden Weltraummüll zu verfolgen, wollte er das Skywatchprogramm von Fachleuten überprüfen lassen.

Bis die Ergebnisse vorlägen, durften sich Mona, Rick und Tom im Labor umsehen. Diesmal mußte nicht Mr. Benson die Erlaubnis erwirken, sondern es war ihrem ausgefuchsten Skywatchprogramm zu verdanken, mit dem sie zweifellos einen Achtungserfolg erreicht hatten.

„Willst du's mal ganz aus der Nähe sehen, Mona?“

„Tommy, das ist doch ganz neu, daß du mal auf die Idee kommst zu fragen.“

Je länger sie die Teile des COMTEX-Satelliten betrachteten, um so ernster wurden ihre Mienen. Zerbrochene und verdrehte Teile – und das bei einem Material, von dem es hieß, es wäre unverwüstlich. Ganze Platinen mitsamt den elektronischen Bauelementen waren geschmolzen. Vor ihnen lag ein Haufen Abfall. Eine demolierte Hülle und zerklumpte Schrottbrösel – das war, zugespitzt gesagt, von COMTEX übriggeblieben, einer einstmals hochgelobten Ingenieursleistung.

„Das muß man erst mal auf die Reihe kriegen, daß das alles sein soll, was mit der Reliance zurückgekommen ist.“ Rick und Mona schienen seine Meinung zu teilen.

„Sieht aus, als hätten die Götter damit Football gespielt.“

„Hm, ja – aber ohne Schiedsrichter.“

Mr. Benson sprach mit Cliff Jarvis. Er winkte die drei ins Büro.

„Vermutlich werden die uns jetzt doch rauskomplimentieren."

„Wir hätten uns eben nicht so weit vorwagen dürfen."

Aber sobald sie zu Mr. Benson und Jarvis ins Büro gekommen waren, merkten sie, daß anscheinend doch etwas anderes angesagt war.

„Mr. Jarvis hat einen Vorschlag gemacht, der für eure berufliche Zukunft sehr nützlich sein dürfte. Allerdings müßtet ihr euch auch zu einem kleinen Opfer bereit erklären." Mike Benson machte eine kleine Pause. „Die Raumfahrtbehörde hätte nämlich gern, daß ihr Skywatch weiterentwickelt."

„Ach..." Mona war verblüfft.

Tom verschränkte die Arme. „Hört sich nicht schlecht an."

Das fand Rick auch. „Und dieses ‚Opfer' wäre...?" wollte er noch wissen.

„Ihr müßtet das Programm der Behörde überlassen."

Darüber waren die Freunde nicht gerade erfreut.

„Ihr würdet natürlich eine Abfindung bekommen und obendrein ein Honorar, das sich sehen lassen kann."

Bevor sich darüber ein Poker hätte entwickeln können, trat der Assistent von Jarvis ein und gab seinem Chef zu verstehen, daß er ihn unter vier Augen sprechen wolle. Bei der Gelegenheit kam Mr. Benson noch einmal auf das Angebot der Raumfahrtbehörde zu sprechen. Die Freunde wollten sich aber nur ungern sofort festlegen lassen.

„Hör zu, Dad. Was die von uns wollen, haben sie doch schon. Wir helfen natürlich gern, wo immer es möglich ist, aber wir haben auch noch was anderes zu tun. Außerdem würden die uns sicher ganz schön unter Druck setzen."

Die beiden Frauen, die am Tag vorher Mr. Chips zu nahe getreten waren, zumindest nach Ricks Dafürhalten, kamen nun hinzu. Der einen von beiden waren sie schon vorhin begegnet. Sie stellte ihre Assistentin Amy Creswall vor. Heute wirkten ihre langen braunen Haare etwas zerzaust. Beide trugen die blauen Overalls, die für die Computer-, Daten- und Analyseabteilung üblich waren. Beide Frauen wirkten niedergeschlagen, so als hätte man ihnen ordentlich zugesetzt.

„Die hier ist für dich, Mike." Lisa Nessen gab ihm eine Magnetkarte und die Sichthülle mit einem holografischen Dia.

„Was ist denn da drinnen passiert", erkundigte sich Mike Benson.

„Wir haben nur erzählt, was wir bei der Untersuchung des lädierten Satelliten festgestellt hatten, haben ihm die Ausdrucke von den Spektralanalysen und Termografien vorgelegt. Aber Clayton und sein Chef waren damit nicht einverstanden."

Die Freunde spürten deutlich, daß es die beiden Frauen hart ankam, ihre Arbeit so wenig gewürdigt zu sehen.

Lisa Nessen fügte noch sehr bestimmt hinzu: „Ich war wirklich nicht bereit, Jarvis die Masterkopie von Skywatch zu überlassen."

Tom fand es schon leicht übergriffig, daß Jarvis die Masterkopie überhaupt verlangt hatte. „Sie gehört immerhin noch uns!"

Während Mike Benson die Arbeitsergebnisse der beiden Frauen überprüfte, versuchte er, das Mißverständnis aufzuklären. In der Zwischenzeit machten es sich Tom und Rick im Büro des Labors bequem. Von der oberen Etage konnten sie dabei zusehen, wie eine Gruppe von Wissenschaftlern den COMTEX-Satelliten untersuchte. Zugleich war niemand in der Nähe, der ihre Gespräche mit anhören hätte können. Lisa und Amy hatten sich fast außer Hörweite am Konferenztisch niedergelassen. In ihnen kochte es vor Wut.

„Immer wieder die gleiche Show. Mir stinkt das total, sag' ich dir. Egal, wir können unsere Sache noch so gut machen, nichts ist richtig."

„Und wer hat die Schuld?"

„Wir. Immer wir", riefen jetzt beide wie aus einem Munde und lachten. Ein bißchen angestrengt klang es schon.

Mona, Rick und Tom blickten zu den Frauen am anderen Ende des Raumes hinüber. „Die hängen auch ganz schön im Seil", vermutete Rick.

„Haben wohl zuviel Streß", kommentierte Mona.

„Kann dir auch passieren", meinte Tom lächelnd.

„Ist schon."

Allmählich beruhigten sich Amy und Lisa wieder. Ihre Wangen waren feucht von Tränenspuren. Mit ihrem Lachanfall hatten sie etwas von dem Druck abreagiert. Ein paarmal tief durchatmen, und sie konnten sich wieder an die Arbeit machen.

Im Vorbeigehen meinte Lisa zu den Freunden: „Denkt euch nichts."

„Die Typen, die wir im Auge behalten sollen, sind zurückgekommen", flüsterte Amy. Dann wechselte sie das Thema. Sie unterhielten sich mit den drei Freunden über die Arbeit für die CommTech. Beide waren sie CAD-Experten, hatten am gleichen College den Abschluß gemacht, und jede kannte die Stärken und Schwächen der anderen. Auch in ihrem Wesen ergänzten sich die beiden Frauen. Lisa war die vitalere, sie ging auch stärker aus sich heraus, während Amy sich wohler dabei fühlte, mehr im Hintergrund zu arbeiten.

Jetzt diskutierten sie die Imageprobleme, die sich für die Firma möglicherweise ergeben könnten, weil das Satelliten-Experiment fehlgeschlagen war. Dann lenkte Lisa Nessen die Aufmerksamkeit ihrer Kollegin auf den Alu-Container am anderen Ende des Labors.

„Schaut euch mal die Typen da unten an. Die drehen und wenden jedes Teil und kriegen einfach nicht raus, was passiert ist."

Etwas Schöneres hätte man Mona, Tom und Rick nicht sagen können.

Tom jedoch mimte den Unwissenden. „Wieso glauben Sie das?"

Amy erzählte den Freunden von dem merkwürdigen Graffiti auf den Solarpaddeln.

Jetzt wurde Amy festgenagelt. Die drei ließen nicht mehr locker. Während Lisa es vorzog sitzenzubleiben, begleitete Amy die Freunde zum Container. Mit der Magnetkarte entriegelte Amy die Türen.

„Nur ganz kurz mal reinschauen, ja?"

Die Geschwister und Tom kletterten die Rampe rauf und

beugten sich über die verbogenen Solarpaddel. *„Glück für den Finder."*

Mona hielt es für einen Scherz der Shuttlemannschaft. Tom sah sich den Schriftzug genauer an.

„Ricky, hast du deinen Allesfummler mit?"

Dieses Werkzeug, vom Hersteller mit der seriösen Markenbezeichnung CombiCraft bedacht, war der Nachfolger der berühmten Schweizer Universaltaschenmesser. Man konnte damit nicht nur schneiden, feilen, Schrauben drehen, Dosen öffnen und Fingernägel putzen, sondern auch löten und gravieren, ja sogar Lichtsignale geben.

Nach einer Weile hatte Tom eine Idee. Er kratzte mit dem CombiCraft an einigen Buchstaben herum. Kleine Metallspäne lösten sich ab.

„Das könnte vielleicht eine – na ja, schon ein wenig ausgeflippte – Zielübung gewesen sein. Jedenfalls wette ich, daß das mit einem Laser reingebrannt wurde."

„Wieso haben die dann nicht gleich den ganzen Satelliten hopsgehen lassen, wenn sie es schon mal fertiggebracht haben, das hier reinzuschießen?

Rick vermutete, daß jemand seinen Spaß mit dem COMTEX treiben wollte, aber damit aufhören mußte, als die Reliance aufgetaucht war, um ihn einzufangen.

Amy Creswall winkte plötzlich ganz heftig. „Schnell, raus hier."

Tom zögerte noch einen Augenblick. Er hielt noch eines der Paddel in der Hand.

„Mensch laß das jetzt! Mein Gott, nun mach doch schon!! Tempo!!!"

Tom ließ es fallen. Während das Scheppern im Container widerhallte, tauchte Neil Clayton auf.

„Raus da! Aber augenblicklich! Wird's bald?!"

Rick und Mona standen neben Amy Creswall, als Tom herauskrabbelte. Clayton starrte sie an. Auch die Wissenschaftler, die mit den COMTEX-Bruchstücken beschäftigt waren, hatten die kleine Szene mitbekommen.

„Schließen Sie ab, verplomben Sie es, und dann haben Sie bitte die Freundlichkeit, mir Ihre Magnetkarte auszuhändigen!“ befahl Clayton mit eisiger Stimme. „An diesen Behälter durfte niemand ran, niemand, verdammt noch mal!“

„Aber es gab doch keinen...“

„Dann ordne ich es eben an!“

Wütend nahm er Amy die Magnetkarte aus der Hand, schob die Türen zu und verplombte das Schloß mit einem Spezialcode. Mona und die beiden Jungen standen verlegen da und hatten rote Köpfe. Es war ihnen unangenehm, daß es ihretwegen Ärger gegeben hatte.

Sie stiegen ins Büro hinauf. Niemand war mehr da. So konnten sie in aller Ruhe über die eingebrannten Graffiti reden.

„Warum dieser Clayton sich derart aufgeführt hat, würd' ich schon gern wissen“, meinte Rick.

Mona war noch etwas anderes eingefallen: „Mich würd' ja interessieren, warum nicht mal die Wissenschaftler, die hier angestellt sind, die Dinger untersuchen dürfen.“

Tom hingegen vermutete, daß die Leute von der Raumfahrtbehörde es vielleicht doch bereits wissen könnten und nur nicht damit rausrücken wollten. Irgend jemand mußte doch aus einem ganz bestimmten Grund die Botschaft eingebrannt haben.

Jedenfalls waren die drei so sehr vertieft, daß sie nicht merkten, wie es um den COMTEX leer geworden war. Clayton hatte angeordnet, die Untersuchung vorerst zu beenden. Erst als Mr. Benson sich ihnen näherte, merkten sie, daß die Wissenschaftler nicht mehr am COMTEX arbeiteten.

„Fürs erste sind wir hier fertig“, kommentierte Mike Benson.

Die drei konnten deutlich sehen, daß er nervlich ziemlich erschöpft war. Er drängte die Freunde geradezu zum Ausgang. Tom wollte eine Erklärung.

„Machen wir, daß wir wegkommen, bevor noch jemand entlassen wird.“

„Wer denn?“

Mr. Benson schwieg. Er meinte, daß sie es selbst herausfinden sollten.

„Dad, wo ist das Programm, Skywatch, mein' ich."
„Das ist noch dort."
„Aber das ist doch meine Masterkopie."
„Sie ist in guten Händen."
Tom war nicht so ganz überzeugt. Andererseits dachte er, daß seinem Vater wohl nichts anderes übriggeblieben sein dürfte, als sie dort zu lassen.
Sobald sie den Parkplatz erreicht hatten, gingen sie langsamer. Die Wärme und das Sonnenlicht taten ihnen gut nach all den Ereignissen.
Sirenen heulten. Der Wagen kam näher. Vor der Firmeneinfahrt hielt ein Sanka. Drei Sanitäter eilten mit Krankentrage und Notversorgungskoffer in das Firmengebäude.
„Sekunde", rief Mona und rannte auf die blinkenden Lichter zu.
Rick, Tom und sein Vater warteten neben dem Auto. Mona schaute auf den computergesteuerten Bildschirm. Darauf konnten die Sanis schon auf dem Weg zur Unfallstelle ablesen, was passiert war, wie viele Menschen verunglückt waren und welche Vorkehrungen sie treffen mußten. Diese genauen Vorinformationen hatten sich schon oft bewährt und dazu beigetragen, daß Menschenleben in letzter Minute gerettet werden konnten.
Ohne sich auch nur umzudrehen, lief Mona jetzt in das Gebäude.
Rick vermutete, daß sie irgend etwas Wichtiges entdeckt haben mußte.
Mr. Benson nickte den beiden zu, und zusammen mit Tom und Rick kehrte er zu CommTech zurück. Die Sanitäter trugen auf der Bahre soeben einen Verunglückten heraus – offenbar ohnmächtig. Eine Frau, den Kopf einbandagiert und unter einer Sauerstoffmaske. An Armen und Beinen rann Blut. Neben ihr ging der Notarzt mit einer Infusionsflasche.
Mona hielt sich dicht dahinter. Da kam Lisa Nessen gerannt. „Jemand wollte Amy umbringen!"

Zweifelhafte Indizien

„Sie ist gestoßen worden?"

„Hat sie zumindest gesagt, bevor sie weggetreten ist."

„Aber wer in aller Welt?"

Sergeant Dalby hob die Schultern. Er beugte sich noch weiter vor und stützte sich mit den Ellbogen auf die Knie, nervös auf den Fußspitzen federnd, seine Hände ineinandergelegt. Nach gemütlichem Zurücklehnen war ihm nicht zumute. Heute war es nicht das Täßchen Kaffee, weshalb er vorbeigekommen war.

„Miss Creswall liegt noch auf Intensiv. Ein übler Sturz. Zwar nicht besonders tief. Aber der Aufprall muß ziemlich schlimm gewesen sein." Dalby seufzte. „Wir haben nichts. Keinerlei Anhaltspunkte und auch keinerlei Verdacht."

Mrs. und Mr. Benson schüttelten sich. Auch Mona, Rick und Tom waren noch von dem Vorfall schockiert und aufgewühlt. Sie hatten sich auf den Boden gesetzt.

„Und ihr könnt mir auch nicht mehr sagen?"

Alles, was sie wußten, hatten sie Dalby bereits erzählt. Daß Neil Clayton auf Amy Creswall wütend war, weil sie ihnen den Transportbehälter geöffnet hatte, in dem die Solarpaddel aufbewahrt wurden. Mr. Benson hatte noch mitbekommen, daß Amy Creswall kurz nach dem Zwischenfall fristlos gefeuert worden war.

„Ob da ein direkter Zusammenhang besteht, ich bin da nicht sicher. Jeder hat eigentlich ein Alibi. Aber ich hab' viele Erklärungen zu hören gekriegt heute. Vielleicht ist sie tatsächlich nur ohnmächtig geworden?"

Es gab keinen Augenzeugen. Deshalb mußte man zunächst beides annehmen: Daß sie gestoßen worden war oder eine plötzliche Kreislaufschwäche erlitten hatte und sich nur einbildete, jemand hätte ihr von hinten einen heftigen Stoß versetzt. Dalby kannte auch solche Fälle.

„Aber natürlich nicht im Zusammenhang mit dieser Firma", fügte er unter nervösem Lachen hinzu.

Mr. Benson begleitete Dalby hinaus. Tom und die Geschwister verließen dann auch das Wohnzimmer. In der Dielenecke blinkte das grüne Lämpchen. Eine Meldung wartete im Telepost-Speicher. Tom ließ sie ausdrucken.

„Abs.: STANTONER RAKETENGESELLSCHAFT. ÜBERPRÜFUNGEN AN DER STARTRAMPE HABEN ERGEBEN, DASS DER GESTRIGE FEHLSTART AUF ZÜNDUNGSFEHLER ZURÜCKZUFÜHREN IST. WIR LADEN SIE ZU EINEM NEUEN START IN 5 TAGEN EIN. DIE VERZÖGERUNG BITTEN WIR ZU ENTSCHULDIGEN."

„Das häng' ich Mr. Chips um. Nach dem Check gestern war mir klar, daß sein Startprogramm in Ordnung war."

„Als ob wir das nicht schon die ganze Zeit über gewußt hätten." Rick lächelte sehr zufrieden vor sich hin.

Sie gingen in die Werkstatt hinter der Garage. Mr. Chips würde also noch einmal starten. Und dafür wollten Mona und die beiden Jungen alles tun, was in ihren Kräften stand.

Mona hatte eine kühne Idee.

„Das wäre doch erste Sahne, wenn wir mit Hilfe von Chips den EDEF und die Spinnen retten könnten."

Tom und Rick schauten sich verdutzt an. Ein privater Rettungs-Raumflug! Das war nicht nur kühn, sondern schlicht unmöglich. Von der Rampe der Stantoner Raketengesellschaft konnten sie ihre Rakete nicht so weit hinaufschicken, da ihnen nur Flüge in die untere Stratosphäre erlaubt waren. Der EDEF aber war in den höchsten Schichten der Ionosphäre verlorengegangen. Um dort hinaufzugelangen, müßten so leistungsfähige Trägerraketen eingesetzt werden, wie sie bei Satellitenstarts logeschickt wurden. Und das hätten sich die Hobbyisten von der Raketengesellschaft nicht einmal dann leisten können, wenn sie den gesamten Jahreshaushalt der Stadtverwaltung zur Verfügung hätten – abgesehen von der behördlichen Genehmigung.

„Also alles was recht ist, Monaherz! Grundsätzlich bestimmt der richtige Weg. Aber etwas bescheidener vielleicht, wenn ich bitten darf, meine Liebste. Gleich auf die Umlaufbahn, das ist wohl doch 'ne Schuhnummer zu groß für uns. Wir backen vorerst mal suborbitale Brötchen."

Tom stimmte zu.

Die längstmögliche Flugzeit, mit einer maximalen Höhe von 11 Kilometern, würde bestenfalls fünfzehn Minuten dauern. In der Zeit könnte Mr. Chips gerade die Flugbahn und Beschleunigungswerte auf Video festhalten, Analysen von Wolkenschichten machen, die Luftfeuchtigkeit und Temperaturverteilung messen sowie die Flugzeit ganz exakt mit Hilfe einer Atomuhr registrieren.

Tom sah noch mal die Reihenfolge auf der Testliste durch. „Vielleicht wär's ja doch möglich, noch was anderes unterzubringen", murmelte er.

Das war Monas Stichwort. Sie lief zur Tür. „Ich geh' mal rüber, meine Spinnentierchen als Freiwillige anzuheuern."

Der K24 mit seiner „Fundsache" im Schlepptau erhielt neue Steuerimpulse. Seine Bahn führte ihn nun in die Nähe eines verbeulten Wracks. Die scharf gebündelten elektromagnetischen Impulspakete, verschlüsselte Signale, kamen von einer Bodenstation in der Karibik.

Das verbeulte Wrack hieß S5 und war ein riesiger, leerer Behälter, der früher als Treibstoffdepot für eine permanent bemannte Raumstation gedient hatte. So groß wie ein fünfstöckiges Wohnhaus trieb er zusammen mit weiterem Expeditionsmüll ausrangiert im Weltraum, auf einer geostationären Position, 36 000 Kilometer über der Erde. In diesem Tanker waren drei Satelliten eingeschlossen, die in den letzten sechs Monaten als vermißt gemeldet worden waren. Säuberlich verzurrt warteten sie im dunklen Innern des Raumtankers auf ein ungewisses Schicksal – Faustpfänder. Aber für wen?

In der mattgrau schimmernden Außenhaut des toten Riesen glitt eine Luke von den Ausmaßen eines mächtigen Hangartors auf. Der K24 zog den EDEF mitsamt den unbezahlbar teueren Experimenten an Bord, durch die gähnend schwarze Öffnung in den Tanker hinein, wo er ihn an einer selbsttätigen Festhaltevorrichtung andockte. Die ferngesteuerte Luke schloß sich, und EDEF war nunmehr der vermißte Satellit Nummer vier.

In der Karibik erhielt die Empfangsstation die Erfolgsmeldung: „Operation abgeschlossen".

K24, aus größerer Entfernung fast ebenso unscheinbar und geradezu alltäglich wie die anderen umherdriftenden Raumfahrzeugwracks, steuerte zurück auf seinen unverdächtigen Kurs. Mit Ausnahme der Station in der Karibik schenkte keine andere dem Bahnwechsel sonderliche Aufmerksamkeit.

Angesichts der schon nahezu unüberschaubaren Vielzahl von erdumkreisenden Objekten gehörten derartige Vorkommnisse, auch wenn sie im Grunde unerklärlich waren, zu den Dingen, die zwar in irgendwelchen Dateien der NASA und des SAC registriert wurden, aber niemanden mehr aus seiner Routine schrecken ließen. Ein Musterbeispiel für die Fehleranfälligkeit komplexer Systeme.

Im Direktionszimmer der CommTech Ltd. warteten drei Männer. Jeden Moment sollte eine Videokonferenz beginnen, wobei dieser Raum im Technologiezentrum von Stanton mit fünf Städten in den USA verbunden sein würde. Thema der Besprechung: die Rettung des EDEF.

Weltraumexperte Robert Marceau ging auf und ab. Er wirkte angespannt und nervös. Der flauschige Teppichboden dämpfte das Geräusch seiner Schritte.

Cliff Jarvis und Neil Clayton warteten bereits. Die Mikrophone steckten an ihren Krawatten. Fünf Fernsehmonitore und zwei Videokameras waren betriebsbereit.

„Weißt du schon, was du ihnen sagen wirst?" erkundigte sich Jarvis.

„Was ich eben weiß", antwortete Marceau.

Das reichte Clayton nicht.

„Hör mal, von dir könnte es abhängen, ob das gesamte Projekt auf Eis gelegt wird. Das heißt, falls du dich entsprechend negativ äußern solltest. Und du weißt doch genau, daß die Raumfahrtbehörde nur Gutes hören will. Außerdem geht es um mehr als um die Arbeitsplätze."

„Und das Leben von Menschen?" hielt ihm Marceau entgegen. „Wenn ein neuer Shuttle-Flug gestartet würde, könnte die Mannschaft in Gefahr geraten. Immerhin müssen erst noch die Wartungsarbeiten gemäß der Spezifikation von Procedure C/IIZ abgeschlossen werden."

„Robert, die Reliance ist drei Wochen eher als geplant runtergekommen", unterbrach Jarvis. „Deshalb dürfte es doch wohl kaum nötig sein, das Ding komplett überholen zu lassen."

„Sie kann aber nicht innerhalb einer Woche landen und noch mal starten."

Clayton lächelte. Sein Gesichtsausdruck war unergründlich. „Ich muß doch sehr bitten, Herr Kollege – das sollte doch für eine so versierte Crew wirklich keine Affäre sein – bei den heutigen Standards. Schließlich ist die Reliance kein Shuttle aus der Challenger-Serie, und der kleine Weltraumspaziergang ist für Ihre Leute doch nur noch Routine. Oder soll ich auch noch allen Ernstes an Ihre Verantwortung für die nationalen Sicherheitsbelange appellieren?"

Marceau hörte nicht weiter zu. Er wollte das Thema wechseln. „Gibt's was Neues über den Unfall hier?"

Aus der Art, wie Marceau gefragt hatte, ging deutlich hervor, daß es ihm um den Zustand von Amy Creswall ging. Jedoch von den Anwesenden schien sich keiner darum zu kümmern. Marceau fand das nicht gut, hielt es aber für sinnlos, weiter darüber zu reden.

Über der Videokamera blinkte ein rotes Licht. Marceau setzte sich zwischen Clayton und Jarvis. Auf den Monitoren waren die zehn Gesprächsteilnehmer zu sehen. Die Konferenz begann.

„... nachdem wir uns die Ergebnisse des COMTEX-Fluges angesehen haben, und eingedenk der möglichen Einbußen für den Staatshaushalt sowie der Verwertungsmöglichkeiten dieses Raumfahrtprogrammes, halten wir es für unsere Pflicht, die Reliance noch diese Woche wieder hinaufzuschicken, und zwar zu einer Rettungsaktion, deren Dringlichkeit wohl jedem einleuchten dürfte." Das war Marceaus Schlußwort. Seine Stimme hatte sich gegen Ende etwas rauh angehört.

Cliff Jarvis beendete die Konferenz. „Wir beide, Clayton und ich, stimmen mit dem Versuchsleiter in allen Punkten völlig überein."

Diese Worte drangen weit über Stanton hinaus.

„Die Tiere fangen an, verrückt zu spielen!"

Ihre Mutter lehnte am Türrahmen, während Mona den Deckel des Glasbehälters geöffnet hielt. Alle Spinnen hingen an der Glasplatte.

„Sei bitte vorsichtig; du weißt ja, ich hab' Angst, sie könnten auskommen. Und wenn das passiert, könnte deine Mutter verrückt spielen."

„Keine Sorge", versuchte Mona die Mutter zu beruhigen. Den Ausflug von neulich erwähnte sie nicht.

„Liebe Mona, falls sie dir doch entkommen sollten, ich könnte bei meiner Spinnenphobie nicht diese Ruhe aufbringen. Und mein Besen würde sich dann möglicherweise selbständig machen."

Mona merkte genau, daß ihre Mutter sich nicht eher von der Stelle rühren würde, bis sich die Spinnen beruhigt hätten. Sie konnte sich nicht erklären, warum die Tiere so kribbelig, ja geradezu konfus wirkten.

„Oder re-agieren sie etwa?" schoß es Mona durch den Kopf.

Worauf ihre Mutter prompt meinte: „Vielleicht reagieren die auf irgendwas." Das hätte Mona nicht erwartet. Aber, was war eigentlich Besonderes dran? Wenn es für eine Mutter möglich war, die Gedanken der Tochter auszusprechen, warum sollten dann nicht die Spinnen hier im Glaskasten das Verhalten ihrer „Zwillinge" im Weltraum nachahmen?

„Mom, du ahnst gar nicht, wie recht du hast."

Kay Powell blickte leicht verwundert. Sie schüttelte den Kopf und ging.

Mona sicherte den Deckel mit dem Klebeband. Mit der Fingerspitze strich sie noch mal über das Drahtgitter der Luftschlitze. Sie fühlte sich beruhigt und ging hinüber in die Werkstatt.

Mr. Chips lag in zwei Hälften auf dem Tisch. Rick und Tom überholten sein Steuerungssystem.

„Wie neu, der Alte", begrüßte Tom die Freundin.

„Muß doch eine gute Figur machen beim Pressetermin."

„Wovon redet ihr eigentlich? Für einen Viertelstunden-Trip in unserer mickrigen Silvester-Rakete ist das doch wohl ein bißchen viel Bahnhof – oder singt er anschließend die Nationalhymne und gibt selber 'ne Pressekonferenz über seine epochemachenden Erkenntnisse zum Fortschritt der suborbitalen Ballistik?"

„Nicht, wenn wir das hier hinkriegen, liebe Direktverwandte. Was Sie vor sich sehen, Verehrteste, sind die beiden Hälften der nächsten Astronautengeneration."

Mona verstand nicht.

„Chips kommt mit in die Reliance!"

„Was? Du spinnst. Jetzt sind wohl deine Schaltkreise durchgeschmort, Ricky."

Sie mußten beide lachen. Rick und Tom setzten sich auf die Tischkante und erklärten Mona den Plan. Einiges würde allerdings von ihrem Skywatchprogramm und der Zusammenarbeit mit der Nationalen Raumfahrtbehörde abhängen.

„Und der Rest ist Glück."

„Tom, du hast's erfaßt." Ricky lachte auf.

Mona aber war nicht sehr beeindruckt.

„Hört mal, immerhin wartet eine ganze Reihe von Firmen drauf, daß sie ihre Experimente unterbringen – allererste Adressen aus der Spitzenforschung, bitte schön. Wie kommt ihr eigentlich auf die Idee, daß ihr mit dem Blechtrottel da an den ersten Listenplatz rücken könntet?"

Ganz ernsthaft erklärte Tom: „Mr. Chips könnte möglicherweise den EDEF finden."

Das war Mona zuviel. Außerdem wäre damit der Start bei der Stantoner Raketengesellschaft gestorben – abgesehen von der

Frage, wie es möglich sein sollte, innerhalb einer Woche aus der Regionalliga in die Nationalmannschaft zu kommen.

„Immerhin haben wir bereits einen Platz an Bord des EDEF."

„Nur, Brüderlein, daß er leider futsch ist."

„Stimmt schon, aber eines haben wir noch."

Rick wiegte den Mikrolaser wie eine glückliche Mutter ihr Baby. Schließlich hatten sie damit erfolgreich zu ihrem Laser-Transceiver an Bord des EDEF Kontakt gehalten. Warum sollte er seine Aufgabe nicht genausogut erfüllen, wenn sie ihn jetzt in Mr. Chips einbauten, damit er an Bord der Reliance den EDEF im Weltraum aufspürte?

„Klingt ja irre und schon wieder so verrückt, daß es glatt funktionieren könnte."

Zusammen mit ihrer Mutter fuhr Mona ins Krankenhaus und besuchte Amy Creswall. Sie lag immer noch auf der Intensivstation. Trotz aller Bemühungen war sie noch nicht über den Berg. Deshalb ließ die Stationsschwester keine Besucher zu ihr.

Mrs. Powell setzte sich in die Aufnahme, während Mona telefonieren ging. Sie rief bei CommTech an, um mit Amys Freundin zu sprechen.

„Sie ist nicht da."

Mrs. Powell versuchte Mona zu beruhigen. „Vielleicht hat sie nur mal einen Tag frei genommen."

„Nein, Lisa Nessen hat heute morgen gekündigt. Und ihr Dienstzimmer ist zugeschlossen!"

Als Mona sich bei einem Pfleger erkundigte, ob Amy von einer Frau besucht worden sei, erfuhr sie, daß niemand, auf den die Beschreibung von Lisa Nessen gepaßt hätte, gekommen sei oder angerufen habe. Daraufhin verließen Mrs. Powell und Mona die Klinik.

„Mom, kannst du dir das vorstellen? Nicht mal ihre beste Freundin besucht sie. Das kann's doch gar nicht geben. Noch dazu, wenn Amy keine Familie hat. Wieso läßt Lisa ihre Freundin einfach so hängen?"

Auch Monas Mutter konnte sich keinen Vers darauf machen.

Auf dem Parkplatz fragte Mrs. Powell, ob sie Mona ein Stück mitnehmen könne. Sie müsse noch in der Schule vorbeischauen.

Mona hatte wenig Lust, jetzt während der Ferien die Schule von innen zu sehen. In die Werkstatt zog es sie auch nicht. Da beschloß sie, sich ins Big Byte zu setzen.

Bei den Stantoner Teenies hieß es „Das Byte". Es war eine Art Schnellrestaurant mit Hightech-Ausstattung. Vor und nach dem Unterricht ein beliebter Treff der Stantoner Schüler. Hier saßen sie und schlürften Fruchtdrinks aus langen Gläsern. Spezialität des Hauses waren die Kilobytes – üppig belegte Riesensandwiches. Obendrein gab es mittlerweile für die zunehmende Schar von Freunden biologisch höchstwertiger „Natur"-Nahrung sogar eine ganze Palette verschiedener Müslisorten und raffinierte Rohkostsalate. Dieser kulinarische Pluralismus, wie Rick ihn zynisch nannte, war seiner Meinung nach ein kassenträchtiges Paradebeispiel für die friedliche Koexistenz grundverschiedener Geschmackswelten. Nun ja, Rick war eingefleischter Hamburger-Fan und schon immer mißtrauisch gegenüber allem, was nicht wenigstens zur Hälfte aus gegrilltem Rindfleisch bestand...

Das Big Byte war aber noch aus einem anderen Grunde sehr beliebt: das Byte war ein guter Ort für Flirts.

„Tschüüß, ich komm' so um acht heim. Ich werd' schon jemand finden, der mich ein Stück mitnimmt."

Mrs. Powell verließ den Parkplatz. Mona winkte noch, drehte sich um und ging in Richtung Byte. Wenn sie gedacht hatte, für ein Weilchen Tom und Rick nicht zu sehen, so hätte sie nicht hierher kommen dürfen.

„Hallo Mona!"

Ricks Organ übertönte den allgemeinen Lärmpegel. Mona war überrascht. Sie schlängelte sich zu den beiden durch. Cheryl Tasel war auch da. Rick hatte sich oft mit ihr ganz locker verabredet. Neuerdings aber mußte Cheryl oft mit ihren Eltern verreisen, und so sahen sie sich nur noch selten.

„Mensch, du bist ja wieder zurück!" rief Mona, als sie Cheryl kurz umarmte.

„Nur bis morgen. Die Eltern wollen in der Karibik Verwandte besuchen. Und ich hab' ihnen angeboten mitzufahren."

Die Freunde lachten – es den Eltern anzubieten, typisch Cheryl. Die meisten Mädchen würden sich alle zehn Finger bis zum Ellbogen nach einer solchen Gelegenheit abschlecken.

Cheryl und Rick tauschten Neuigkeiten aus. Tom wählte die Speisekarte auf dem neuen Tischmonitor an. „Aha – jetzt haben sie auf berührungsempfindliche Bildschirme umgestellt. Benutzerführung für Babys – fehlt nur noch die Babynahrung auf der Speisekarte", stichelte Tom.

Rick gähnte. „Wahrscheinlich haben die Freaks unter den lieben Gästen dem Hauptrechner zuviel unverdaulichen Quatsch rübergehackt."

Mona ließ die Tagesmenüs durchlaufen und tippte ihre Wahl mit dem Finger auf dem Sensorbildschirm an. „Hoffentlich ist das Küchenterminal diesmal wieder in Ordnung. Vorige Woche haben sie mir doch glatt das gleiche Menü zehnmal auftischen wollen."

„Hatten wir das nicht schon einmal bei den Stadtratswahlen? – Aua!" Rick rieb sich das Schienbein. „Okay, okay, Friede..."

„Magst du auch ein bißchen Musik dazu haben?" fragte Tom besänftigend.

Auf Knopfdruck wurde die Liste der Top ten auf dem Tischmonitor angezeigt. Tom tippte auf drei Titel. Sekunden später quäkte es aus den vier Kopfhörern, die an jeder Stuhllehne baumelten; am Tisch lief der neueste Song der „RAM-Böcke". Ihr Hit „Absturz" hielt sich bereits seit sechs Wochen in den Charts – sehr zum Leidwesen von Rick, einem treuen Fan der Random Accessories.

Mona schlürfte ihren eisgekühlten Drink.

„Daß die doch noch besser werden könnten, hätt' ich ja nach der letzten Scheibe nicht mehr gedacht."

Tom eigentlich auch nicht. Fasziniert schauten sie auf den Bildschirm. Die hatten tatsächlich Power. Außerdem bauten sie in ihre Videoclips noch ausgeflipptere technische Bildtricks ein, Computeranimation vom Allerfeinsten – auf die die meisten ihrer Fans abfuhren.

„Tom, stell dir vor, Cheryl hat uns eingeladen!"

„Wohin?" erkundigte sich Tom und schob die Hörmuscheln hinter die Ohren.

„In die Karibik", antwortete Cheryl. „Bei meinen Verwandten ist genug Platz. Die Sache hat nur einen Haken."

Rick grummelte dazwischen: „Davon hast du mir aber nichts gesagt."

Bevor er noch weitermaulen konnte, unterbrach ihn Cheryl: „Wie ihr hinkommt, müßt ihr selbst sehen."

Tom, Mona und Rick mußten lachen. Auf eigene Faust in die Karibik fliegen, das konnten sie sich ebensowenig vorstellen wie demnächst selbst am Steuerpult eines Raumschiffes zu sitzen.

Doch Rick war noch nicht entmutigt. „Wo leben denn deine Kusinen?"

„Auf Beramas."

„Noch nie gehört."

„Kennt auch fast niemand", erklärte Cheryl. „Es gehört zu einer Gruppe von Inseln, die noch nicht für die Touristen und auch noch nicht von den Touristen kaputtgemacht worden ist."

Während Cheryl erzählte, was sie für die Ferien vorhatte, blickte Tom durchs Fenster. In einem Zivilstreifenwagen entdeckte er Sergeant Dalby. „Aha. Da ist wohl grade wieder sein Päuschen fällig."

Rick hing noch den Bildern nach, die angesichts von Cheryls Karibikeinladung in ihm aufstiegen. Mona und Tom ließen die beiden allein. Tom schob seine Kundenkarte in den Schlitz des Tischmonitors, wartete die Buchung ab und verließ mit Mona das Byte. Dalby winkte die beiden zu sich.

„Dachte ich mir's doch, daß ich euch hier treffen könnte, wenn ihr nicht in euerm Schuppen seid."

„Gut geraten."

Dalby schwang seine Beine aus dem Wagen. „Tja, ich wollte mit euch wegen Amy Creswall sprechen, ihr wißt doch, die Frau, die den Unfall hatte."

„Wie bitte?"

„Wir haben neue Informationen. Und jetzt auch einen ersten Verdacht."

„Wer?" Dies kam wie aus einem Mund.

„Ihre beste Freundin... Lisa Nessen."

Gelbe Karte!

Robert Marceau glaubte nicht, daß sich Dalbys Verdacht erhärten lassen würde.

Sein Kommentar: „Etwas derart Lächerliches hab' ich selten gehört." Mit Mr. Benson und Tom ging er ins Büro von Bendatacon. Vorher hatten sie noch die neuesten Meldungen über den COMTEX durchgesehen und das Skywatchprogramm laufen lassen. Marceau wollte den Rat von Experten, deren Interessen nicht mit denen der Nationalen Raumfahrtbehörde zusammenfielen. Und deshalb schien ihm Mr. Bensons Firma bestens geeignet.

Das Team der Abteilung für Datenanalyse wurde mit dieser Aufgabe betraut. Mike Benson war selbst auch mit dabei. Und Tom wurde mit hinzugezogen, damit er die Störungen beschreiben konnte, die während dieser Skywatch-Aufzeichnung aufgetreten waren. Er saß mürrisch an einem Couchtisch und stapelte gerade drei Ordner mit der Programmdokumentation vor sich.

„Ich will offen mit Ihnen sein, Benson. Und Ihnen sagen, weshalb das noch mal durchgecheckt werden soll." Marceau und Mike Benson hatten sich mittlerweile an die Tastaturen gesetzt.

„In drei Tagen wird die Reliance neu gestartet."

„Ist das nicht etwas übereilt?"

Marceau hob die Schultern. „Anordnung von oben."

Tom hätte man keinen größeren Gefallen tun können. Er versuchte erst gar nicht, seine Freude zu verbergen. Mr. Chips würde also in drei Tagen schon an Bord gehen.

Marceau mußte noch seine Auffassung loswerden. „Ich kann nicht gerade behaupten, daß es ganz in meinem Sinne ist, aber wenn der Raumfahrtbehörde daran liegt, so schnell wieder zu starten, was soll ich machen? Es geht auch darum, wettbewerbsfähig zu bleiben. Die Ergebnisse der Experimente sind ja für die Industrie und somit für unsere Wirtschaft wichtig. Tja, und für gewisse andere Dienststellen offenbar nicht weniger. So sind nun mal die Bedingungen."

Mr. Benson rief das Hauptprogramm des Spektralanalyse-Hochrechners auf und synchronisierte es mit den zuvor aufbereiteten Daten eines Universitäts-Observatoriums. Dort war einem der Lehrstuhl-Assistenten, einem ehemaligen Praktikanten der Bendatacon, zufällig eine rätselhafte Beobachtung gelungen. Da er mit Mike Benson immer noch auf gutem Fuß stand, hatte er ihm die Aufzeichnung zugeschickt. Mit Hilfe einer computerunterstützten Makro-Optik hatte er über den neu installierten Laser-Refraktor zufällig zur selben Zeit wie TRM den Himmelssektor abgetastet, in dem sich die unheimliche Begegnung von EDEF mit dem sonderbaren „Vogel" abgespielt hatte. Toms Vater versprach sich durch eine Koppelung mit den Skywatch-Aufzeichnungen über den Hochrechner zusätzliche Erkenntnisse. Allerdings hatte er dem Studenten absolute Diskretion versprechen müssen. Mike Benson hoffte, daß Tom mitspielen würde, obwohl er seinen Sohn lediglich gebeten hatte, während dieser Besprechung keine Fragen zu stellen.

Das Playback von Skywatch wurde nun in genaue Farbsegmente aufgeschlüsselt. Tom knipste die Lichter aus. Jetzt konnte man den Wechsel in den Schattierungen, den Farben und der Helligkeit deutlicher sehen.

„Das ist es." Tom vergrößerte die Angabe von Datum und Uhrzeit in der rechten unteren Ecke.

„Gleich danach geriet der EDEF außer Kontrolle."

Mr. Benson ließ die letzte Bildfolge noch einmal als Standbilder ablaufen. Mit Hilfe einer Booster-Schaltung war es möglich, noch weiter zu vergrößern.

Marceau zeigte sich ziemlich beeindruckt von der technischen Ausstattung bei Bendatacon. „Ich gäb' was drum, wenn die bei

CommTech Ihren Standard hätten."

„Das hier gibt es noch gar nicht zu kaufen", antwortete Mike Benson unverkennbar stolz.

Da er im führenden Bereich der EDV-Beratung arbeitete, verfügte Mr. Benson über die neuesten technischen Errungenschaften auf dem Gebiet. Oft testete er auch Geräte durch, bevor sie in den Handel kamen. Dieser Zugang zu Erzeugnissen, die vielleicht erst ein Jahr später auf dem Markt erschienen, verschaffte den Bensons einen beträchtlichen Vorteil.

„Kann man das bitte noch mal schärfer stellen?" fragte Marceau.

In dieser Sequenz hatte er etwas aufglühen sehen, nur einen Sekundenbruchteil, bevor der EDEF außer Kontrolle geraten war. Sie spulten zurück und schauten sich die Bildfolge noch einmal an.

„Ich werd's mal mit anderen Lichtwerten versuchen." Er bewegte den Cursor auf den schwach glühenden Leuchtfleck neben dem EDEF und gab neue Spektralcodes ein. Ein Muster begann sich abzuzeichnen.

„Hier, das paßt genau." Marceau nickte.

Tom schaute seinem Vater dabei zu, wie er verschiedene Varianten ausprobierte. Auf dem Bildschirm erschienen in der untersten Zeile die Lichtquellen-Angaben. Das Ergebnis überraschte alle Anwesenden.

„WASSERSTOFF-FLUORID – CHEMISCHER LASER."

Die Beschreibung der geheimnisvollen Lichtquelle hinter dem EDEF blieb noch auf dem Bildschirm, während das Programm weiterlief. Als das unbekannte Objekt einen weiteren Lichtstrahl abgab, geriet der EDEF außer Kontrolle.

„WELLENLÄNGE DES LASERS 3.26."

Marceau staunte. „Dieser Laser-Typ liefert eine enorm hohe thermische Energie. Bevorzugter Einsatzbereich sind neuerdings raumstationäre Waffen. Damit läßt sich einiges kaputtschießen."

Der EDEF reagierte auf das Auftreffen des Laserstrahles. Dann tauchte das andere Objekt auf.

„Welcher Satellit ist das?"

Mr. Benson konnte Marceaus Frage auch nicht beantworten.

„Wenn ich mit der Reliance wieder starte, dann aber nur unter der Voraussetzung, daß dieser „Vogel“ identifiziert ist und außerdem seine Umlaufbahn feststeht. Andernfalls könnte nämlich der Reliance das gleiche passieren wie dem EDEF.“

Marceau schickte eine private Meldung über Telepost zum Cape und zwar mit den Angaben über Richtung und Position des unbekannten Objektes. Er machte die Raumfahrtbehörde auf die mögliche Bedrohung aufmerksam; dann war es deren Angelegenheit, herauszufinden, was es für ein Satellit war.

„Glück für den Finder.“ Tom und sein Vater hörten Marceau murmeln; immer wieder von neuem: „Glück für den Finder... *Pech für den Verlierer.*“

Marceau hob den Kopf. Sein Gesichtsausdruck ließ einen brillanten Einfall vermuten.

„Ich glaube, das bringt uns ein Stückchen weiter.“ Marceau lächelte und zeigte auf den Bildschirm. „Diese Laser können mühelos jeden größeren Satelliten demolieren. Und ich vermute, daß es dem COMTEX so ergangen sein dürfte.“ Marceau richtete sich auf und legte eine Hand auf Toms Schulter. „Sag mal, wie war das noch mal genau? Was hast du gesehen, als Amy dir die Solarpaddel gezeigt hat?“

Tom überlegte einen Augenblick. „Ich hab' unseren Allesfummler, du weißt schon, den CombiCraft genommen und ein bißchen rumprobiert. Dann sind ein paar Metallplättchen abgebröselt.“

„Nun sag schon.“ Marceau wollte ihm auf die Sprünge helfen. „Amy Creswall hat es Clayton, Jarvis und mir erzählt, was du entdeckt hast. ‚Glück für den Finder‘.“

„Ach ja, stimmt. Ich hab noch gesagt, daß diese Wörter aussehen, als habe sie jemand mit Laserstrahlen eingebrannt.“

Marceau war nun davon überzeugt, daß dieser abtrünnige Satellit an dem Zwischenfall im Weltraum beteiligt war, als ihn das Sonnenpaddel am Helm getroffen hatte.

Der K24 schwenkte wieder auf seine offizielle Umlaufbahn ein.

Aus der Karibik empfing er eine codierte Mitteilung.

K24 änderte seine Bahn erneut.

Die Kontrollstation auf Beramas gab neue Anweisungen.

Einige Stunden später dockte der K24 an dem großen Tanker S5 an, der auf der geostationären Umlaufbahn blieb. Eine Seitenluke klappte zurück. K24 verschwand durch die Öffnung in das Innere, in dem drei gekaperte Satelliten zwar weiterarbeiteten, ohne jedoch mit ihren Signalen die elektromagnetisch undurchlässige Außenhaut des alten Tankers zu durchdringen.

Der verschwundene Satellit Nummer vier, EDEF, tauchte langsam auf, geschoben von K24, der nun das neu gekaperte Raumfahrzeug durch die Luke bugsierte. Die Luke schloß sich wieder, die Riegel rasteten ein, und EDEF wurde in eine Umlaufbahn befördert, auf der ihn bald jede Satelliten-Beobachtungsstation entdekken mußte.

Als Rick auf dem Monitor das EDEF-Signal sah, drückte er den Aufnahme-Knopf am CREX-plus und rief Tom bei Bendatacon an.

„Das ist er!"

Tom war nicht überzeugt. Die beiden verständigten sich über Vistaphon. „Teste es doch mal über die Parabolantenne. Es wär' ja immerhin möglich, daß nur deine Lichtleiter mit Radierbröseln verschmutzt sind."

„Scherzkeks!" Rick stellte das Vistaphon so ein, daß Tom sehen konnte, was er an der Parabolantenne veränderte. Er glich nochmals den Mikrolaser nach und verband ihn mit der Schnittstelle am CREX-plus. Der Test lief einwandfrei. Rick biß sich auf die Unterlippe und riß die Augen auf. Der EDEF beantwortete tatsächlich ihr Signal. „Super, super!!"

„Läßt sich ganz gut an, Ricky." Tom lächelte ins Vistaphon.

Rick verfolgte über den CREX-plus die Bahn des EDEF. Dann schickte er noch eine Meldung los. Mona antwortete und kam in die Werkstatt, um ihm bei der Backup zu helfen.

„Ich wußte übrigens, daß etwas Merkwürdiges passiert sein mußte. Kurz bevor dein Anruf kam, haben die Spinnen fast durchgedreht."

Rick staunte. „Ey, das heißt ja, etwa zur selben Zeit."

„Ich bin ja gespannt, was die Tierchen an Bord des EDEF treiben."

Mittlerweile wunderte sich Mona nicht mehr über den heißen Telepathie-Draht, den die Spinnentiere im Satelliten ganz offensichtlich zu denen in Monas Glaskasten hatten. Zu vieles deutete darauf hin, als daß sie es noch hätte übersehen können. Mona hoffte, daß sich eine wichtige Entdeckung machen ließe, sobald die beiden Spinnengruppen wieder zusammengebracht sein würden.

Das EDEF-Signal glitt aus der Bildfläche. Rick schaltete den Mikrolaser aus und hielt die Aufzeichnung an. Er holte sich Mr. Chips und machte sich dran, dessen Programm wieder zu laden.

„Mona, kannst du mir mal helfen?"

„Wobei?"

„Nur keine Panik. Ich will nur sein Programm wieder laden."

„Was?" Mona mimte die Schockierte. Mit dem ersten Arbeitsgang waren sie gerade durch, als sie Türen zufallen hörten. Gleich darauf standen Tom, Mike Benson und Robert Marceau in der Werkstatt.

„Laßt mal sehen." Marceau wirkte ungeduldig.

Rick schaltete den CREX-plus auf Playback. Das EDEF-Signal wurde sichtbar. Mr. Benson und Marceau beobachteten die Bewegungen des Satelliten.

In der Zwischenzeit legte Tom die Hologrammplatten auf dem Boden aus. Zusammen mit Mona fokussierte er den Mikrolaser. „Wenn Sie sich das vielleicht mal anschauen möchten."

Marceau hielt mit seiner Anerkennung nicht zurück. „Ihr habt ja hochkarätige Dinger hier."

Er legte die Fingerspitzen auf die Keyboardtasten des CREX-plus. Auf dem Monitor liefen die Bilder des Skywatchprogramms.

Mr. Benson bemerkte die Ansammlung von Hologrammplatten auf dem Boden. „Ach laß das doch, dafür haben wir keine Zeit."

„Aber Dad, nur..."

Marceau schaltete sich ein. „Was ist das?"

Mona beschrieb das Experiment. Denn sie hatte die Idee dazu gehabt. Währenddessen schaltete Rick den Mikrolaser ein. In der Mitte des Raumes waren jetzt zwei Spinnengewebe in Originalgröße abgebildet. Sie glichen sich bis auf die Knoten.

„Mr. Marceau, welches ist Ihrer Meinung nach hier auf der Erde entstanden?"

Marceau war fasziniert. Er bewunderte die Qualität der Hologramme.

„Habt ihr das schon jetzt vom EDEF bekommen? Mir hat man gesagt, daß nichts über die Modemstrecke der Raumfahrtbehörde gekommen sei."

Vor diesem Augenblick hatten die Freunde gebangt. Jetzt mußten sie zugeben, daß sie einen Laser-Transceiver mit in die Spinnenkapsel hineingeschmuggelt hatten.

„Ihr seid ja wahnsinnig! Wißt ihr überhaupt, was ihr da angerichtet habt?" Selten hatten sie Mr. Benson so wütend gesehen.

Marceau war ruhig geblieben. „Wenn der schon zufällig in der Ladebucht der Reliance gesendet hätte, stünde ich wahrscheinlich nicht hier."

Dies hatten Tom, Rick und Mona nicht bedacht. Aber ein elektromagnetischer Impuls aus dem Laser hätte möglicherweise die Bordelektronik der Raumfähre gestört – mit unvorhersehbaren Folgen. Sie waren ziemlich betroffen. Dann gab Tom dem Gespräch eine andere Wendung. Er meinte, daß ihr illegales und zugegebenermaßen leichtsinniges Vorgehen jetzt wenigstens dabei helfen könnte, den EDEF wiederzufinden.

„... und da wir ja eine erprobte Direktverbindung haben, ist es möglich, den EDEF aufzuspüren und in die Reliance zurückzusteuern."

Eine Viertelstunde lang hatte Tom geredet. Als er zu Ende war, konnte er die Antwort kaum erwarten.

Doch sein Vater war immer noch entsetzt. „Ihr habt wirklich schon genug angerichtet. Deine Fähigkeiten in allen Ehren, Tom, aber das kann einfach nicht klappen."

Auch von Marceau kam nicht die heimlich erhoffte Anerkennung. „Wie wollt ihr denn den Laser in Position bringen? Wer soll ihn steuern?“

Tom zeigte auf den kleinen Roboter in der Ecke.

„Mr. Chips? Ist ja rührend! Jetzt seid ihr aber wirklich größenwahnsinnig geworden. Ihr habt sie ja nicht mehr alle.“ Mr. Benson schien endgültig die Geduld zu verlieren.

„Nun hört mal gut zu. Bei jedem Flug ins All läßt sich nur eine begrenzte Menge von Experimenten unterbringen. Und da gibt es nun mal eine Reihe von Firmen, die der Raumfahrtbehörde eine Menge Geld auf den Tisch legen, damit ihre Versuche während des Fluges getestet werden. Und diese Firmen stehen auf einer Warteliste, an der nicht rummanipuliert werden darf. Um Mr. Chips mit raufnehmen zu können, müßten wir einen der zahlenden Kunden streichen. Und das ist nun mal nicht drin.“

Nachdem Marceau mit seiner Erklärung zu Ende war, tippte Mr. Benson ihm auf die Schulter. „Kommen Sie, Marceau, die Zeit drängt.“ Im Grunde wollte Mr. Benson verhindern, daß Tom und seine Freunde noch ein paarmal in Fettnäpfe latschten.

„Auf jeden Fall vielen Dank für das Angebot“, sagte Marceau beim Hinausgehen. „Und übrigens, die Spinnweben gefallen mir.“

Eine Weile sprach niemand. Alle bisherige Mühe schien vergebens gewesen zu sein. Still saßen sie da. „Erst mal ganz cool werden“, meinte Rick; und das sagte er fast immer, wenn er vorhatte nachzudenken.

„Eigentlich brauchen wir uns nicht zu beklagen“, fand Mona. „Es könnte wirklich schlimmer sein.“

„Findest du? Nämlich?“

Mona hielt den Blick weiter auf den Boden gerichtet.

„Amy Creswall zum Beispiel.“

Es war, als hätte Mona mit dieser Bemerkung die Freunde wieder auf den Teppich geholt, soweit es ihre Weltraumprobleme anging. Immerhin waren sie unversehrt und hatten ihre Freiheit.

„Sergeant Dalby hat nichts darüber verlauten lassen, um welche neuen Informationen es sich handelte.“ Mona zuckte die Achseln. „Aber irgendwie gibt das doch keinen Sinn. Warum hätte ausgerechnet Lisa versuchen sollen, ihrer Freundin etwas anzutun."

Die drei beschlossen, auf eigene Faust nachzuforschen. Da nun ihre Arbeit an Mr. Chips' Programm und den Hologrammen überflüssig geworden war, räumten sie alle Geräte, die dazugehörten, weg. Mittlerweile hatte sich ja ein neues Problem abgezeichnet, auf das sie ihre Energie konzentrieren konnten.

Tom tippte den Namen „Lisa Nessen" in die Adressen-Informationsliste am Vistaphon – einer neuen Errungenschaft in ihrer Werkstattsammlung. Auf dem Bildschirm wurden ihre Telefonnummer und Adresse angezeigt.

„Wir könnten's ja mal versuchen. Lisa wird uns sicher einiges sagen", vermutete Tom.

Sie gaben den Privatcode von Lisa Nessen ins Vistaphon ein. Während sie warteten, bewegte sich ein Schatten über den Bildschirm. Das Radio war an. Dann bedeckte der Schatten die gesamte Bildschirmfläche.

„Was is'n das?" Rick wandte sich zu seinem Freund.

„Die Verbindung ist abgebrochen", stellte Tom fest.

„Versuch's noch mal", schlug Mona vor.

Diesmal erhielten sie die Meldung „Außer Betrieb".

Eigenartig. Wieso ging's beim zweiten Versuch plötzlich nicht mehr? Sollte Lisa Nessen in Schwierigkeiten sein?

„Also, wie's scheint, gibt es viel zu tun."

„Na, dann fangt schon mal an." Das war Ricky. Aber er stand auch gleich auf und ging mit Mona zu seinem Sportwagen. Tom sah noch einmal nach, ob er sich die richtige Adresse gemerkt hatte und ließ das Zahlenschloß einrasten.

Rick gab Gas. Mit heruntergelassenem Schiebedach und voll aufgedrehtem CD-Player ging es in Richtung Cartesianausfahrt. Passanten hätten glauben können, die Freunde wären einfach gut drauf und würden ihre Ferien voll genießen.

Während Rick auf das Apartmenthaus zufuhr, in dem Lisa Nessen wohnte, fragten sie sich, wie die Frau wohl reagieren würde, ob sie Näheres über den Unfall wüßte. Und, ob sie bereit sein würde, es ihnen zu erzählen.

Ein Mann verließ gerade das Haus. So gelangten Tom und die Geschwister ins Haus, ohne über die Wechselsprechanlage erst lange Erklärungen abgeben zu müssen.

„Da kann ja jeder rein, der will", meinte Tom.

Mit dem Lift ließen sie sich in den fünften Stock bringen. „Donnere bitte nicht allzusehr gegen die Tür, Ricky."

Er hielt sich an die schwesterliche Empfehlung. Nach dem ersten Klopfversuch öffnete sich die Tür. „Die ist gar nicht richtig zu", flüsterte Rick.

Langsam schob Rick die Tür weiter auf. Ein umgekippter Stuhl und Papiere lagen auf dem Boden, eine Lampe war umgestoßen und das Bett zerwühlt.

„Ich ruf' die Polizei." Mona wollte gleich los, doch Tom hielt sie am Arm fest.

Vorsichtig gingen sie zu dritt hinein.

„Schaut mal, da!" rief Mona und zeigte auf das Vistaphon. Eine Decke hing darüber, und der Stecker lag am Boden. Deshalb also waren sie mit ihrem zweiten Anruf nicht durchgekommen. Weiter kamen sie in ihren Überlegungen nicht. Zwei Männer kamen aus einem Nebenzimmer.

Cliff Jarvis und Neil Clayton starrten die Freunde an.

Treffpunkt Florida

„Der Rest ist Sache der Polizei."

Die beiden Männer von der Nationalen Raumfahrtbehörde begleiteten die Geschwister und Tom hinaus und führten sie zu einem wartenden Streifenwagen. Jarvis hielt Tom an der Schulter, Clayton hatte Rick am Hals gepackt, Mona mußte vor ihnen hergehen.

„Unerlaubtes Eindringen in die Wohnung", erklärte Jarvis dem Streifenbeamten.

„Und Hausfriedensbruch", fügte Clayton hinzu.

„Soll ich sie mal mitnehmen?" fragte Sergeant Dalby.

„Ja, wäre wohl das beste." Clayton und Jarvis übergaben die drei dem Stantoner Polizeibeamten. Beide ahnten nicht, daß Dalby mit ihnen befreundet war. Dalby wartete noch, bis Clayton und Jarvis wieder in dem Wohnblock verschwunden waren.

Das Fahrzeug setzte sich in Bewegung und bog in die Hauptstraße ein. Sie näherten sich der City. Dalby verstellte den Innenspiegel, pfiff durch die Zähne und blickte kurz nach hinten zu den dreien im Fond. „Und jetzt mal eure Version."

Tom erzählte. Dalby nickte. Was Lisa Nessen anging, so gab es zweifellos irgendwelche Zusammenhänge, die jedoch schwer zu durchschauen waren. Er wollte an die Wahrheit herankommen. Und deshalb durfte er sich nicht von allzu offensichtlichen Spuren in die Irre führen lassen. Wonach aber sollte er sich richten? Immerhin, einen neuen Anhaltspunkt hatte ihm das Verhalten von Clayton und Jarvis geliefert. Er sah nur noch nicht ganz klar. Irgend etwas stimmte einfach nicht. Zumindest hatten die Männer Tom, Rick und Mona etwas anhängen wollen, das den dreien, so wie er sie von klein auf kannte, niemals zuzutrauen war. Ganz abgesehen von den Fällen, die TRM bislang gelöst hatte. Aber ob Clayton und Jarvis selber in Lisa Nessens Wohnung eingedrungen waren, ließ sich zunächst nicht feststellen. Andererseits wären die beiden möglicherweise hellhörig geworden, wenn er sie selber hierzu befragt hätte. Falls sie hinter den rätselhaften Vorkommnissen steckten, sollten sie wenigstens nicht zu früh Verdacht schöpfen. Fast war er froh, daß die beiden versucht hatten, die Geschichte mit Lisa Nessens Wohnung den Jugendlichen in die Schuhe zu schieben.

„Wenn wir bloß wüßten, wo sie steckt. Lisa Nessen würde uns sicher weiterhelfen können."

Tom und seine Freunde stimmten Dalby zu. Deswegen waren auch sie zu dem Apartmenthaus gekommen. Sie sorgten sich um die Frau. Die Tatsache, daß ihre Wohnung verwüstet worden war, verhieß nichts Gutes.

Nach Dalbys Meinung hatte es für einen Überfall eine Spur zu wüst ausgesehen.

„Sie glauben, daß jemand nur den Eindruck entstehen lassen wollte?“ hakte Mona nach.

„Um Lisa zu erschrecken?“ vermutete Tom.

„Zur Sache. Ich soll drei Jugendliche festnehmen, die sich unerlaubterweise Zutritt zu einer Wohnung verschafft haben. Um eine Meldung werde ich nicht herumkommen.“

„Aber Sie wissen doch, wir haben nichts Unrechtes getan.“ Mona konnte es nicht glauben, daß Dalby vorhaben könnte, sie wirklich anzuzeigen.

Dalby schickte Mona und Rick nach Hause. Tom sollte ihn begleiten.

„Aufs Revier?“

„Nein, wir gehen zu deinem Vater.“

Das bedrückte Tom. Er befürchtete, sein Vater könnte über ihre eigenwillige Handlungsweise verärgert sein, obwohl sie es ja aus Sorge um Lisa Nessen getan hatten. Außerdem war es noch nicht lange her, daß sie zugeben mußten, illegal den Lasertransceiver an Bord des EDEF geschmuggelt zu haben. Und jetzt womöglich noch eine Anzeige – damit wäre Mr. Bensons Verständnisbereitschaft überstrapaziert.

Dalby sagte aber auch rein gar nichts, um Tom zu beruhigen. Als sie gegenüber der Bendatacon hielten, legte er nur die Hand auf Toms Arm und wünschte ihm „Viel Glück“.

Selten war Tom die Treppen so schleppend hinaufgestiegen. Er klopfte und holte tief Luft.

„Setz dich, Tom.“

Hatte er richtig gehört? Dieser Ton verhieß keine Strafpredigt. Mr. Benson wirkte eher überrascht und zeigte nicht die Spur von Ärger.

„Ich bin froh, daß Dalby dich gefunden hat. Es ist nämlich eine Menge passiert in der Zwischenzeit.“ Er schaltete die Wechselsprechanlage ein und gab seinem Sekretär durch: „Wir sind soweit.“

Das Herzklopfen hatte sich gelegt. Marceau trat ein, in der Hand hielt er die Schachtel mit dem Skywatchprogramm. Auf seinem Schreibtisch blätterte Mr. Benson in dem Computerausdruck, der nachts durchgelaufen war.

Marceau wandte sich an Tom. „Ist dir K24 ein Begriff?"

Tom schüttelte den Kopf. Marceau zeigte auf die Karte mit Sternen, Planeten und Asteroiden. Mit Kreisen und Pfeilen waren die Satelliten gekennzeichnet.

„Der K24", erklärte Marceau, „war einer der ersten Satelliten für die Telekommunikation. Vor drei Jahren hieß es, er habe ausgedient, das heißt, er war veraltet. Aber sonderbarerweise kam niemand auf die Idee, den K24 ordnungsgemäß außer Betrieb zu setzen. Man hat lediglich den Umsetzer abgeschaltet. Alle übrigen Systeme arbeiteten weiter – einschließlich der Antriebsaggregate. Er blieb auf seiner Bahn, wie zahllose andere Weltraumwracks. Inzwischen haben sich merkwürdige Dinge ereignet, da oben. Keiner konnte eine Erklärung dafür finden. Bis wir euer Skywatchprogramm bekamen."

Der K24, so habe die Nationale Raumfahrtbehörde herausgefunden, sei aus seiner Umlaufbahn geraten, und als er wieder in die Erdatmosphäre eingetreten war, sei er ausgebrannt. Statt dessen habe sich mittlerweile herausgestellt, daß die Beobachter damals auf einen langsamen Meteor mittlerer Größe hereingefallen waren.

„Nun erst, mit Hilfe eures Skywatchprogramms haben die Astronomen die Spur des K24 zurückverfolgen können."

„Jetzt nehmen wir an, daß einige Satelliten, von denen wir glaubten, sie wären verlorengegangen oder zerstört worden, in Wirklichkeit noch oben sind."

Für Tom war es ganz interessant, dies zu hören. Was es jedoch eigentlich zu bedeuten hatte, konnte er sich noch nicht zusammenreimen. Mr. Benson wußte, was Marceau als nächstes sagen würde. Er wollte die Reaktion seines Sohnes genau mitbekommen.

„Einer der Industriesatelliten, die mit der Reliance rauf sollten, ist bis zum vorgezogenen Start vermutlich noch nicht wieder fertig. Und das heißt, ein Platz ist frei."

Mr. Benson sprach geschäftsüblich kühl. „Tom, Bendatacon hat mit der Nationalen Raumfahrtbehörde einen neuen Vertrag abgeschlossen. Und zwar sollen wir es übernehmen, in geheimer Mission den EDEF zu retten."

Marceau lächelte. „Wann könnt ihr denn Mr. Chips zum Cape schaffen?"

„Ricky! Moona!"

„Was denn?"

„Schnell, kommt rüber!"

Zehn Minuten später saß jeder über sein Stück Arbeit gebeugt. Jetzt gab es ein neues Ziel: Sie mußten den ersten Roboter, der in einer privaten Werkstatt zusammengebaut worden war, für den Start mit der Raumfähre vorbereiten.

Die Schaltkreise von Mr. Chips waren leider noch nicht so weit entwickelt, daß er ein Bewußtsein davon hätte haben können, was dieser Vorschlag bedeutete. Er stand in der Ecke. Denn ab jetzt kam es natürlich nicht mehr in Frage, daß er sich um so verhältnismäßig banale Dinge kümmern sollte, wie die Bewachung des Hauses. Er hätte ja aus Versehen in eine Tür eingeklemmt werden oder einfach die Treppe runterfallen können.

Tom hatte Robert Marceau versprechen müssen, kein Risiko einzugehen. Falls es gelingen sollte, daß Mr. Chips ihren Lasertransceiver mit dem Gegenstück an Bord des EDEFs verbinden könnte, so wäre es tatsächlich möglich, den Satelliten wieder aufzuspüren. Woran mochte es wohl gelegen haben, daß Marceau doch noch auf Toms Vorschlag eingegangen war? Anscheinend doch an der Leistungsfähigkeit von Skywatch. Wenn die drei immerhin dazu fähig waren, solch ein Programm zu entwickeln, dann würde es ihnen vielleicht auch gelingen, ihre neueste Idee zu verwirklichen.

„K24?"

Mona und Rick hatten noch nie von diesem Satelliten gehört. So erzählte Tom, was er von Marceau darüber wußte. Für die Freunde waren die bisher unerklärlichen Vorgänge um den K24 eine willkommene Neuigkeit. Noch etwas, woran sie ihre Erfindungs-

gabe erproben konnten.
„Wie sieht's denn da droben aus?"

Statt lange zu erklären, schaltete Mona den CREX-plus ein. Der Bildschirm zeigte die gegenwärtigen Positionen aller Raumfahrzeuge an. Von EDEF war kein Signal zu sehen.

„Schon wieder abgetaucht."

„Will wohl Versteck spielen mit uns", murmelte Rick.

„Mich würd' ja interessieren, was hinter dem Ganzen steckt."

Um über Toms Frage nachzudenken, fehlte jetzt die Zeit. Sie mußten ohnehin einen Wettlauf gegen die Uhr gewinnen, wenn sie mit den Vorbereitungen bis zum Start fertig sein wollten. Damit Mr. Chips so weit programmiert und bestückt sein würde, daß er den EDEF aufspüren konnte, mußten sie ihre Gehirnwindungen noch einigermaßen strapazieren.

Für den Fall, daß ein schwerer technischer Defekt während des Raumfluges auftreten sollte, war es erforderlich, ein Sicherheitsprogramm zu entwickeln, damit Mr. Chips nicht verlorengehen würde.

„Sonst würde Chips als erster Hausroboter im All verschüttgehen."

„Ricky, beschwör's nicht!" Aber Mona und Tom waren sich darüber im klaren, daß sich die Gefahr durchaus nicht von der Hand weisen ließ.

Als nächstes mußte Chips mit einem strahlensicheren Innenleben ausgestattet werden, und zwar aus speziellen Halbleitern mit NASA-Spezifikationen der Einsatzklasse ZX, damit er gegen die kosmische Strahlung geschützt war. Auf dem Boden der Werkstatt lagen Leiterplatten und diverse elektronische Bauelemente, Gehäuseteile und Relais.

„Die Halbleiter hat Dad direkt von CommTech. Der COMTEX ist mit dem gleichen Zeug ausgerüstet."

„Hoffentlich nützt es diesmal was." Auch Rick litt unter der Anspannung.

Und das Datenübertragungssystem zwischen dem Astronauten, Mr. Chips und ihrer „Bodenstation" – dies dürfte die meisten

Schwierigkeiten bereiten.

„Meine Güte, allein damit könnten wir ja Wochen zubringen“, rief Mona – halb am Verzweifeln.

„Achtundvierzig Stunden, mehr ist nicht drin.“

„Das heißt also, ausführliches Durchtesten können wir schon mal vergessen.“ Rick hebelte die Sitzfläche des Drehstuhls tiefer.

Tom fing an, den Geschwistern sein Konzept der variabel gemultiplexten Trägerwellen auseinanderzusetzen. Mona saß am Boden, die Arme um die angezogenen Knie, und schaukelte leicht, fast unmerklich, vor und zurück. Ihre Hände steckten in den Ärmeln ihres pinkfarbenen Sweatshirts. Tom konnte so gut erklären, daß Mona und Rick auf Anhieb durchblickten. Nach einer Weile erkannten sie, daß die Sache mit dem Datenübertragungssystem theoretisch so gut wie gelöst war.

„Wir werden unsere codierten Daten losschicken und genau mit den Austastlücken in den Übertragungsblöcken der Raumfahrtbehörde synchronschalten.“ Damit beendete Tom seine Ausführungen.

Das war zwar nicht ganz so simpel wie das sprichwörtliche Semmelbacken. Aber einleuchtend. Warum waren sie nicht schon eher drauf gekommen?

Zu guter Letzt brauchte Mr. Chips noch ein Ersatzprogramm, für das Auffinden des EDEFs nämlich, falls der Mikrolaser ausfallen sollte.

„Mona, das ist dein Job.“

Sie setzte den beiden die Möglichkeiten auseinander, die ihr dafür einfielen. Rick hatte sich schon über den Mikrolaser hergemacht und baute ihn ein. Sobald sie den EDEF im Ziel hatten, sollte durch die seitliche Öffnung von Mr. Chips der Laser in Aktion treten.

Tom tigerte durch die Werkstatt und suchte alles zusammen, was für das Datenübertragungssystem nötig war. Eines mußten sie noch bedenken: Alles mußte transportabel sein, weil sie nicht in Stanton bleiben sollten.

„Ein Glück, daß du noch nie was weggeschmissen hast, Tommy.

Aber demnächst kannst du dir in der Nachbarschaft Stellfläche für dein Teilelager anmieten..." Rick wuchtete die nächste Kiste aus dem Regal.

Tragbare Geräte für Datenübertragung herzustellen, und zwar für den privaten Gebrauch, das war die Spezialität von Mike Bensons Firma. Von seinem Vater hatte Tom sehr viel gelernt. Jetzt konnte er sein Wissen umsetzen. Und nicht nur so zum Spaß, sondern auch für das Land, in dem er lebte, hing einiges davon ab, daß das Programm funktionierte.

„Lassen wir's doch mal über den CREX-plus laufen", riet Mona.

Tom und Rick setzten sich mit vor den Bildschirm. Das überarbeitete Skywatchprogramm zeigte zwei Raumfahrzeuge, die bis jetzt noch nicht zu sehen gewesen waren. Eines davon mußte K24 sein.

„Sieht aus, als würden sie die Bahnen wechseln", meinte Rick.

„Nicht nur das." Tom starrte auf den Bildschirm. Die Haut unter den Augen war leicht angespannt, er fixierte das Bild auf dem Monitor. Zwei Signale bewegten sich aufeinander zu. Für Mona sah es aus wie bei den uralten Video-Pingpongspielen. Doch diesmal prallte kein Ball-sprite vom Schläger zurück. Und das hier war kein Spiel, sondern abgebildete Wirklichkeit. Jetzt war nur noch ein großer Leuchtfleck übrig.

Plangemäß dockte K24 am S5 an, ohne daß es auf der Karibikinsel Beramas groß bejubelt worden wäre. Die Leute in der geheimen Bodenstation handelten schnell, aber ohne Hast. Für den größten Satellitenklau aller Zeiten war das eine unabdingbare Voraussetzung.

Im Innern des S5-Tankers befestigte ein ferngesteuerter Roboter das gekaperte Raumfahrzeug. Der EDEF hatte als letzter auf der Entführungsliste gestanden.

K24 hielt sich an der Seite des Tankers. Er wartete auf ein bestimmtes Signal von der Beramas-Bodenstation.

Tausende von Meilen unterhalb, im blauen Dunst der Erdatmosphäre, wartete auf einem Stück Land, das ins Meer hinausragte, eine Trägerrakete, bereit zum Abschuß.

Bald sollte die Reliance auf K24 treffen.

Nur diejenigen, die in der geheimen Bodenstation auf Beramas arbeiteten, wußten, wie der Versuch enden sollte. Alle anderen mußten abwarten.

„Gleich sind wir da."

„Kann's kaum erwarten, bis wir unten sind!"

„Was meint ihr, wie's mir geht?"

Mona, Tom und Rick drängten sich ans Fenster neben ihren Sitzplätzen. Unten konnten sie schon das Cape erkennen. Hier standen fast so viele Raketen wie anderswo Bäume. An jeder Abschußrampe arbeitete eine Technikermannschaft in gelben Uniformen. Von oben wirkten sie wie die sprichwörtlich fleißigen Bienen.

Über Lautsprecher kam die Stimme des Piloten. „In einigen Minuten landen wir."

Tom lächelte zu Mona hinüber. Sie saß ihm gegenüber. Mona lächelte zurück. Die „Hauptperson" dieser Unternehmung, Mr. Chips, saß auf dem Platz neben Tom. Natürlich auch angeschnallt. Außer den Freunden flogen nur noch Toms Eltern mit. Jetzt begann der Landeanflug. Laura Benson drückte die Hand ihres Mannes. Schade, schon setzte die Maschine auf. Das besondere Gefühl im Bauch war vorbei. Schließlich hielt die Maschine neben dem Hangar. Die Bensons sowie Mona und Rick lösten ihre Gurte und standen auf. Ein bißchen dehnen und strecken, das tat gut. Die Tür zur Pilotenkabine ging auf, und Marceau kam in den Passagierraum.

„Willkomen am Cape!" Marceau lächelte.

Er hatte die Bensons und die Geschwister in einer Maschine, die der Raumfahrtbehörde gehörte, zum Cape geflogen. Für den Flug hatte er sie kurzerhand zu VIPs erklärt. Der tatsächliche Grund für den Flug sollte nicht angegeben werden. Sie stiegen in den Flughafenbus, jeder mit seinem Koffer in der Hand. Nachdem Mona bei Mr. Chips den entsprechenden Knopf gedrückt hatte, rollte er ohne Hilfestellung die Rampe hinauf. Marceau hatte Zimmer reservieren lassen. Und zwar in einem älteren Hotel, etwas entfernt vom Cape. Dort, meinte er, würden sie einigermaßen ungestört sein.

Nachdem sie sich ein wenig frisch gemacht hatten, trafen die Bensons mit ihrem Anhang Käpten Marceau in der Empfangshalle.

„In einer Stunde muß ich für eine Startvorbesprechung zur Verfügung stehen. Wenn es dir recht ist, Mike, würd' ich mit den dreien erst mal zum Nationalen Raumfahrtmuseum fahren."

„Gute Idee", antwortete Mr. Benson. „Da sind sie vorerst beschäftigt. Laura und ich könnten dann beruhigt ein Nickerchen machen, wie wär's, Laura, vielleicht am Swimmingpool?"

„Außerdem braucht Mr. Chips einen Babysitter."

„Schließ doch einfach dein Zimmer ab", schlug Toms Vater vor. „Ich werde mich nur noch um meine bleiche Bürohaut kümmern. Und um nichts anderes."

Die Geschwister und Tom hatten die gesamte Computerausrüstung auf die einzelnen Räume ihrer Suite verteilt und alle Zimmer abgeschlossen. Mit Marceau fuhren sie jetzt zum Cape.

„Diese Sitzung kann ein paar Stunden dauern. Ich hol' euch am Museum ab, und wir können dann mit den Eltern Essen gehen."

Bevor die Freunde ausstiegen, erinnerte Marceau noch einmal daran, daß sie nichts über den tatsächlichen Grund ihres Besuches hier verlauten lassen sollten. Dabei wirkte der Astronaut befremdlich ernst.

„Der meint wohl, wir hätten noch nicht so ganz begriffen, daß wir den Mund halten müssen."

„Womit fangen wir an?"

Mona rollte ihre Eintrittskarte zwischen den Handflächen. Rick und Tom waren auch noch etwas ratlos. Untergebracht war das Nationale Raumfahrtmuseum in einer ehemaligen Raketenfabrik. Die Weite der Räume entsprach den großen Ausmaßen der altertümlichen „Hardware".

Tom entdeckte auf einem Monitor den Wegweiser mit Angaben über die einzelnen Themenbereiche. Er las vor: „„Geschichte der frühen Luftfahrt', ,Konzepte des Flugwesens', ,die ersten Weltraumstarts', ,Entwicklungsstufen einer Rakete', ,die Astronauten', ,Satelliten und Nachrichtenwesen'..."

„Du sagst es", unterbrach Ricky.

„Genau deshalb sind wir ja schließlich hier", warf Mona ein.

Auf der entsprechend markierten Rollbahn ließen sie sich zur Abteilung Nachrichtenwesen fahren. In dem Ausstellungsteil „Satelliten und Nachrichtentechnik" gab es so viel zu sehen, daß es für einige Tage gereicht hätte: Kabinen mit audiovisuellen Informationen, kleine Vorführungsräume, Ausstellungsstücke, Roboter, die die Geschichte der Raumfahrt und Satellitentechnik auf Knopfdruck aufsagten.

„Davon hat mir Dad erzählt." Tom zeigte auf ein Gerät, das von der Decke hing.

Es war einer der ersten Satelliten aus der Telstar-Serie. So wie er sich dort langsam drehte, sah er aus wie eine riesengroße Glitzerkugel aus den Diskotheken, in denen noch ihre Eltern als Teenies getanzt hatten – ein Wasserball mit Einsätzen aus Glas. Daneben hingen Modelle des Syncom und eine Marinersonde.

„Dad meint, daß früher die Leute alles stehen- und liegengelassen hätten, sobald der Start dieser Dinger in der Glotze kam. Und heute kräht doch kein Hahn mehr danach."

„Schau, mit den Dampflokomotiven war es doch das gleiche. In der ersten Zeit machte es Schlagzeilen, wenn ein Zug auch nur in irgendeinem Kaff hielt", erzählte Mona.

In einer Abteilung erfuhr man etwas über den Einsatz von Lasern bei der Datenübertragung. Per Knopfdruck konnte der Besucher einen Laser auf einen der ausgestellten Satelliten richten.

„Das muß ich ausprobieren." Rick schob seine Schwester sanft zur Seite und veranlaßte ein regelrechtes Laserfeuerwerk.

„Wie in den Videospielen die Bösies abschießen." Ricks Augen leuchteten. Er hatte seinen Spaß daran.

Mona war davon nicht so beeindruckt. Sie ließ Tom und Rick weiterspielen und zog allein los. Das Laserlicht zuckte durch den gesamten Raum. Einige Besucher fühlten sich davon sehr gestört und verließen diese Abteilung. Mona wollte sich den Satelliten genauer ansehen, auf den die Laser auftrafen und ging an das andere Ende des Raumes.

„Tom, komm schnell!"

Rick blieb am Steuerpult, während Tom zu Mona hinüberlief. Tom folgte Monas Blick. Über ihnen drehte sich der Satellit.

„Und? Rick schickt Energie drauf, das ist alles."

Aber Mona meinte etwas anderes. Sie zeigte auf die Beschriftung: K22.

„Ist das nicht der Prototyp von K24?"

Satelliten-Abfuhr

Der K22 wurde heruntergeholt. Er sollte als Ausstellungsstück nicht mehr zugänglich sein.

„Vorsichtig mit dem Netz!" warnte ein Aufseher.

Das Museum schloß heute früher als sonst. Den Besuchern gegenüber hatte man es mit einem Ausfall in der Stromversorgung erklärt. Jetzt waren nur noch ein paar Männer hier. Sie standen in einem Kreis unter dem K22 und verfolgten aufmerksam, wie der Satellit aus seiner Aufhängung gelöst wurde. In einem Netz wurde er langsam zu Boden gelassen und dann auf einen Gabelstapler geladen.

„Wo soll der hin?" erkundigte sich der Fahrer bei Marceau.

Der Astronaut blickte zum Kurator. „Ins Lager?"

„Für kurze Zeit kann er da bleiben", antwortete der Museumsbeamte. „Aber höchstens eine Woche."

„Länger muß es auch nicht sein", versprach Marceau und wandte sich wieder den Freunden zu.

Tom war in den Anblick eines holografischen Mars-Dioramas vertieft, während Mona und Rick durch die Räume streiften. Marceau spürte die Wißbegierde der Freunde.

„Alles okay?" Mona und Rick waren inzwischen wieder zurückgekommen. „Da ihr mich darauf aufmerksam gemacht habt, ist es nur recht und billig, daß ihr erfahrt, was los ist."

„Gibt es noch etwas, das wir tun können?" fragte Tom.

Marceau wartete, bis sich das Museumspersonal zurückgezogen hatte. Der Gabelstapler mit dem K22 glitt langsam durch einen Seitengang. Marceau bat die Freunde, mit ihm zu kommen.

„Für die Daten kann dieser Satellit eine wahre Fundgrube bedeuten!"

Nachdem die drei dies gehört hatten, wußten sie, daß ihr Spürsinn wieder einmal gut funktioniert hatte. Und was sie als nächstes erklärt bekamen, zeigte ihnen, welch wichtige Entdekkung sie gemacht hatten.

„Bei uns in der Raumfahrtbehörde geschehen merkwürdige Dinge. Niemand weiß eigentlich, was genau los ist. Die Sicherheitsbeamten der Regierung haben noch nicht herausgefunden, wer dahintersteckt. Jedenfalls sieht es so aus, als sei jemand an unsere Datenbanken, unsere Paßwörter und Aufzeichnungen über Satelliten herangekommen. Deshalb ist der K24 auf eurem Skywatch, aber auf keinem unserer Programme. Alle amtlichen Satellitenbestands-Dokumentationen sind manipuliert worden."

„Und wie haben Sie rausgekriegt, daß es sich auch wirklich um den K24 handelt?" wollte Rick wissen.

„Über das Wetteramt." Marceau staunte eigentlich immer noch über diese Entdeckung. „Dort hatten sie alle alten Dateien, die Aufzeichnungen von atmosphärischen Werten und außerdem Datenträger, auf denen die herumirrenden Weltraumwracks festgehalten sind. Schon vor Jahren hat die Raumfahrtbehörde das Material dem Wetteramt übergeben."

Jetzt machte der Elektromotor des Gabelstaplers einen derartigen Lärm, daß Marceau nicht weitersprechen konnte. Der Astronaut war mit den Freunden hinter dem Fahrzeug hergegangen, weil er es für eine sichere Methode hielt, um unerwünschtes Mithören zu vermeiden. Der Gabelstapler stand nun in der Lagerabteilung des Museums. Die Hydraulik hievte den K22 auf eine Reparaturbühne.

„Okay so?“ fragte der Fahrer.

„Ja, besten Dank auch.“

Wieder wartete Marceau, bis sie unter sich waren. Er untersuchte den zylinderförmigen Korpus, die Solarpaddel, die Antennen, Treibstofftanks und überhaupt die gesamte Konstruktion.

„Diese ganze K-Serie war ein Reinfall“, erklärte Marceau den Freunden. „Jeder einzelne, bis hin zur 21. Ausgabe, brachte nicht, was wir erhofft hatten.“

„Und Nummer 22 kam dann vermutlich deswegen ins Museum, weil er funktionierte.“

Niemand würdigte Ricks Witz. Marceau versuchte, eine Seitenabdeckung zu entriegeln. Er klappte die Gehäuseseite auf.

„Wenn wir herausfinden, wie K22 funktioniert hat, dann dürfte es uns auch gelingen, bei seinem großen Bruder durchzublicken. Wir haben uns bereits sämtliche Unterlagen vom Hersteller geholt und durchgecheckt.“

Rick beugte sich hinunter, um auf den Boden des Satelliten schauen zu können.

„Was suchst du denn? Seine Achillesferse?“

„Was, wie bitte? Ach so! Nein, bis jetzt kann ich noch keinen Schwachpunkt finden.“

Die anderen stöhnten. Rick war es entgangen, daß er Marceaus Ausdruck nur mit anderen Worten wiedergab. „Meine Güte, ich weiß schon, ‚Achillessehne‘ heißt doch nichts anderes als ‚schwache Stelle‘.“

„Achillesferse, du Bildungsneuling!“ Mona wirkte leicht genervt.

„Iss ja schon gut!“ versuchte Rick sie zu beschwichtigen. Er konnte nicht wissen, daß er genau das am K22 entdeckt hatte.

Tausende von Kilometern über der Erde änderten Raumfahrzeuge ihre Positionen.

K24 schwebte hinter dem S5-Tanker. Codierte Meldungen wurden von der Karibikinsel Beramas ausgesandt. Hinter den großen Blättern der Tropenpflanzen verschwanden die Satellitenempfangsantennen fast vollständig. So war es möglich, daß die Bodenstation unentdeckt blieb.

Vom Cape kam die Meldung: „Reliance auf Bergungsmission".

Die Leute von der geheimen Bodenstation wußten, was jetzt bevorstand.

K24 erhielt weitere Anweisungen.

Für den gekaperten EDEF hatte sich die Mannschaft der Beramas-Station etwas Besonders ausgedacht: Er sollte als Köder für die Reliance dienen.

Zur selben Zeit genossen die Capebesucher aus Stanton den warmen Abend. Sie saßen auf der Terrasse. Vor ihnen lag das Meer. Zum Abendessen hatten sie frischgefangene Meeresfrüchte bestellt. Rick war noch bei seiner üblichen zweiten Portion, Mona und Tom bereits beim Nachtisch, einem Früchtebecher. Am Horizont ging die Sonne unter.

„Erinnert es dich auch an unsere Hochzeitsreise, Laura?"

„Das, lieber Mike, ist nicht gut möglich. Und zwar aus zwei Gründen."

Mike Benson und die Freunde warteten gespannt auf die Antwort.

„Erstens, wir waren auf Hawaii, und zweitens, es gab Tom noch nicht."

Sie lachten. Ganz besonders freute sich Mona über die Bemerkung. Tom war es nämlich anzusehen, daß er sich bei diesem Thema innerlich wand. Obwohl Mona und er sich schon oft verabredet hatten, sprachen sie nie von ihren Dates. Bereits die leiseste Andeutung, daß er in Mona ernsthaft verliebt sei, hätte bei ihm Schüttelfrost verursacht. Mädchen waren eben nicht so kalkulierbar wie Computer.

Eine Brise fegte die Wolken vom Himmel. So verbrachten die Stantoner den Abend unter anderem damit, die Sterne zu beobachten. Jeder suchte den Himmel nach seinem Lieblingssternbild ab. Direkt über ihnen glühte der Orion. Sein Gürtel war deutlich zu sehen. Durch die blinkenden Sterne wurden die Freunde an ihr

Vorhaben erinnert.

„Ob unsere Spinnen noch wohlauf sind?"

Niemand antwortete Mona.

„Vermutlich erfahren wir's früh genug." Bevor sie in ein Selbstgespräch über ihre derzeitigen Lieblinge abtauchte, lenkte Mike Benson die Aufmerksamkeit auf den Start der Reliance.

„Nicht mehr lange, und wir wissen eine ganze Menge mehr."

Doch damit war Monas Ungeduld nicht beizukommen. Für sie dauerte es endlos. So suchte sie nach einer Beschäftigung.

„Komm Ricky, laß uns paar Takte mit Mom quatschen."

Rick und Mona entschuldigten sich bei Tisch und gingen telefonieren.

In Monas Verhalten war etwas, das sich Mr. Benson nicht so recht erklären konnte. Er fragte Tom.

„Weißt du, Dad, dieses Experiment an Bord des EDEF war ihre Idee, und jetzt fühlt sie sich für alles verantwortlich, was damit zusammenhängt."

„Aber wenn der Satellit verschwindet – so ist es doch für sie keine Schande."

Tom hob die Schultern. „Das wollte ich ihr schon ein paarmal verklickern."

In dem Hotelzimmer der Geschwister war Mrs. Powell über Vistaphon zu sehen. Sie erkundigte sich, wie denn die Reise bis jetzt verlaufen sei.

„Gut, Mom." Mona bemühte sich um ein heiteres Tochterlächeln.

„Wir haben gerade eine Riesenportion Meerestiere intus."

„Wußt' ich's doch, daß du gleich zur Sache kommen würdest, Ricky. Aber, sagt mal, habt ihr auch was Nützliches in der Zwischenzeit getan?"

Rick erzählte vom Besuch im Raumfahrtmuseum und der Entdeckung des K22. Mona bemerkte, wie sich der Gesichtsausdruck ihrer Mutter veränderte.

„Was ist los?"

„Ich hab' heute abend noch mal im Krankenhaus vorbeigeschaut.

Amy Creswall ist verlegt worden. Es geht ihr sehr schlecht. Sie liegt im Koma."

Mona und Rick schwiegen. Jemand, den sie kannten, schwebte in Lebensgefahr. Wie es zu dem Unfall gekommen war, darüber wußten sie noch immer nichts.

„Bitte tut mir den Gefallen, und gebt ganz besonders gut auf euch acht."

„Verlaß dich drauf. Ach übrigens, was machen die Spinnen?"

„Davon überzeugst du dich am besten selbst." Mrs. Powell schaltete das Vistaphon kurz aus und steckte es in Monas Zimmer wieder ein. Damit Mona ihre Tierchen sehen konnte, hob Mrs. Powell die Abdeckung an, die über dem Terrarium lag. Die Spinnen wirkten desorientiert, und ihre Netze hatten auch nicht die übliche Form.

Mona und Rick schlossen daraus, daß etwas nicht in Ordnung war. Aber sie hüteten sich, ihrer Mutter etwas davon zu sagen. Sie machte sich ohnehin schon genügend Sorgen. So wünschten sie sich gegenseitig eine gute Nacht. Morgen würden sie wieder anrufen.

„Ich weiß nicht genau weshalb, aber ich fühle mich schuldig."

„Du mußt dir nichts vorwerfen, Mona; du hast doch wirklich nichts getan!"

„Vielleicht gerade deshalb."

Sie schlossen die Tür zu ihren Zimmern ab und traten auf den Flur. Am anderen Ende bestieg eine Frau den Lift. Obwohl Mona und Rick sie nur eine Sekunde lang gesehen hatten, waren sie sicher: Das mußte Lisa Nessen gewesen sein!

Die Frau, die sie gesucht hatten, sie war hier im Hotel! Rick und Mona rannten die Treppe am Notausgang hinunter und hofften, schneller als der Lift im Erdgeschoß anzukommen. Warum war sie ausgerechnet hier? Ob sie wußte, wie es ihrer Freundin ging? Weshalb hatte sie ihr verwüstetes Apartment verlassen?

„Lisa Nessen ist uns noch einige Erklärungen schuldig. Vielleicht ist sie uns deswegen hierher gefolgt?" flüsterte Rick seiner Schwester zu.

Sie erreichten die Hotelhalle gerade in dem Augenblick, als die Lifttür zurückglitt. Zwei ältere Damen kamen heraus und dann die Frau, deretwegen sie die Treppen hinuntergerast waren.

„Lisa!“

Die Frau drehte sich um. Die gleiche Größe, das gleiche gelockte kastanienrote Haar, aber ganz offensichtlich doch nicht Lisa.

„Meint ihr mich?“

„Oh, entschuldigen Sie bitte, wir haben uns geirrt.“

Leicht verwirrt schauten sie der Frau nach, wie sie das Hotel verließ.

„Diese Ähnlichkeit aber auch!“

Als die Geschwister wieder am Tisch bei den Bensons saßen, erwähnten sie nichts davon. Nachdem Toms Eltern sich zurückgezogen hatten, beschlossen die Freunde, noch ein Stück am Strand entlangzulaufen.

„Tom, Rick, wacht auf!“ Eine verhaltene Stimme drang durch die Wechselsprechanlage des Zimmers.

„Was gibt's, Dad? Es ist drei Uhr früh!“

„Macht mal auf.“

Noch ganz taumelig bewegte sich Tom auf die Tür zu. Rick rieb sich die Augen und setzte sich auf. Hinter Mr. Benson trat noch jemand ins Zimmer. Erst als Tom das Licht angeknipst hatte, erkannten sie Marceau.

„Er ist verschwunden.“ Damit begrüßte er die Jungen.

„Wer?“

„Der K22!“

Das Vorläufermodell des mysteriösen K24 war aus dem Nationalen Raumfahrtmuseum entfernt worden.

„Gestohlen?“ fragte Rick.

„Das frage ich mich, seitdem ich erfahren habe, daß er weg ist. Mike hat dazu eine Idee.“

Aber jetzt wollte sich Mr. Benson nicht zu seiner Vermutung äußern.

Marceau stand bereits in der kleinen Abstellkammer und holte den dritten Zimmerbewohner hervor: Mr. Chips.

„Den nehme ich gleich jetzt mit zum Cape. Wenn jemand ins Museum einbrechen und einen Satelliten stehlen kann, so wäre für ihn das Hotelzimmer ein Kinderspiel. Und dieses Risiko kann und will ich nicht eingehen."

Rick und Tom halfen dem Astronauten, Mr. Chips zu verpakken. Dazu benutzten sie eine silbrig glänzende Decke. In diese Art von Decken hatten sie all ihre elektronischen Geräte gewickelt. Sollte man Marceau am Cape kontrollieren, so wäre Mr. Chips gut getarnt. Am Lieferanteneingang des Hotels wartete ein Lastwagen. Beim Verladen von Mr. Chips gab es keine Schwierigkeiten, obwohl er mit seinem neuen Innenleben einiges an Gewicht zugelegt hatte. Marceau schlug die Ladetür zu.

„Das hätten wir schon mal. Der Start der Reliance ist übrigens noch mal verschoben worden. Wir sind ziemlich im Streß, und es wäre nicht klug, euch vorher noch einmal zu treffen. Wir werden uns an die Abmachungen halten und über unser privates Kommunikationssystem in Kontakt bleiben."

Marceau gab Tom die VIP-Karten und einige Tips, wie sie am günstigsten auf das Startgelände kämen. Dann versprach Marceau noch, ganz besonders achtzugeben.

„Wenn Sie nur Mr. Chips wieder heil zurückbringen."

Es wurde schon hell. Mr. Benson, Tom und Rick wünschten dem Astronauten viel Glück und winkten ihm nach. Dann kehrten sie in ihre Zimmer zurück. Die Neuigkeit über den verschwundenen K22 bedrückte sie.

Als Mrs. Benson und Mona erfuhren, was sich ereignet hatte, beschlich sie das Gefühl, es könnte Gefahr drohen. Sie wollten nun noch vorsichtiger sein.

„Vielleicht sollten wir sicherheitshalber umziehen, ein anderes Hotel nehmen, weiter weg vom Cape", schlug Laura Benson vor. Bei dem Vorschlag ließ sie es nicht. Sie bat ihren Mann sehr nachdrücklich darum.

„Das dürfte aussichtslos sein, meine Liebe. Selbst die Campingplätze sind bis auf den letzten Platz ausgebucht, wegen des Starts morgen. Wir würden bestimmt kein Hotel oder Motel finden, das noch Zimmer frei hätte."

Das hatte Mrs. Benson nicht bedacht. Sie ließ das Thema fallen. Was sollte sie tun, um ihr Gefühl zu beruhigen? Am besten, sich nicht mehr damit beschäftigen. Sie beschloß, sich an den Swimmingpool zu legen. Ihr Mann und die Freunde hatten keine Lust dazu. Sie wollten ins Raumfahrtmuseum fahren und sich ein wenig in dem Raum umsehen, aus dem der K22 gestohlen worden war.

„Ist Mrs. Benson hier? Telefon für Mrs. Benson!"

Die Lautsprecher am Swimmingpool waren nicht die besten. Die Stimme klang gräßlich. Einige Badegäste bekamen eine Gänsehaut. Mrs. Benson stützte sich auf und sah einen Hoteldiener mit dem drahtlosen Telefon vom anderen Ende des Beckens auf sich zukommen.

„Ja, hallo?... Hallo?..." Keine Antwort. Mrs. Benson winkte den Hoteldiener wieder heran.

„Irgendwas muß mit der Leitung nicht in Ordnung sein. Sie ist absolut tot."

Der Hoteldiener nahm den Apparat, drückte eine Taste und erklärte, was los war.

„Mrs. Benson, in der Zentrale heißt es, daß jemand sie sprechen wollte, und zwar eine Frau."

Als es nach weiteren Versuchen immer noch nicht geklappt hatte, beschloß Mrs. Benson auf ihrem Zimmer zu warten. Vielleicht würde es dort funktionieren.

An der Tür zu ihrem Hotelzimmer bemerkte sie, daß jemand auf sie zugelaufen kam. Eine Frau drückte ihr einen Umschlag in die Hand. Verwirrt nahm sie das Kuvert entgegen.

„Seien Sie vorsichtig, Sie sind alle in Gefahr!"

Jetzt sah Laura Benson den ängstlichen Ausdruck in den Augen der Frau. Jemand rief: „Halten Sie sie auf!"

Die Fremde wandte den Kopf in die Richtung, aus der diese Aufforderung gekommen war und lief davon. Zwei Hausdetektive bogen um die Ecke. Mrs. Benson hielt den Umschlag hinter ihrem Rücken.

„Ist hier eine rothaarige Frau vorbeigekommen?"

Mrs. Benson schickte die beiden Männer in die falsche Richtung. Erst nachdem Laura Benson ihre Zimmertür von innen abgesperrt hatte, öffnete sie den Umschlag.

Sie holte eine Diskette heraus. Auf der Hülle stand: „Skywatch".

Eines konnte Mrs. Benson nicht wissen: daß diese verängstigte Frau, von der sie das Kuvert erhalten hatte, Lisa Nessen war.

Auf Pirsch in der Karibik

Am Cape standen dichtgedrängt und leicht fröstelnd die Schaulustigen in der Morgendämmerung und schauten der Reliance nach, die auf einem gewaltigen Feuerstrahl an der tiefstehenden Mondsichel vorbei in den fast unbewölkten Himmel hinaufdonnerte. Vier Astronauten sollten die Rettungsmission durchführen. Zehn Experimente und ein geheimer Abwehrsatellit befanden sich mit an Bord. Von dem zusätzlichen „Passagier", der in der Ladebucht untergebracht worden war, wußte nur einer der Astronauten. Und unter den Zuschauern gab es fünf Leute, die darüber informiert waren.

„Endlich ist Mr. Chips da, wo er eigentlich hingehört." Tom blickte zufrieden drein.

„Klar, dem Zauber hier kann die Stantoner Raketengesellschaft nicht das Wasser reichen", meinte Rick.

„Aber ja doch, er ist der Größte, absolut unerreicht – Chipsicrack, der Superstar." Manchmal hielt Mona das Getue um den genialen Hausroboter nicht so gut aus.

Der Start war ohne Zwischenfälle verlaufen. Die Freunde blieben noch eine Weile auf ihren VIP-Plätzen, während die meisten Cape-Besucher den Schauplatz verließen. Mona, Rick und Tom konnten noch nicht recht fassen, daß es erst zwei Wochen her war, als sie von hier aus den Start der Reliance mit dem EDEF und ihren

Spinnen beobachtet hatten.

„Ich fand's jetzt viel aufregender als das erste Mal", sagte Tom. „Vor zwei Wochen war nur unser Experiment an Bord, und jetzt kennen wir auch den Piloten."

„Vergiß nicht, wen er mitgenommen hat, Tom", fügte Mona hinzu.

Mr. Chips düste im Augenblick mit achtfacher Schallgeschwindigkeit rauf ins All. Die Raketentriebwerke ließen eine dicke Rauchsäule hinter sich. Das Shuttle war kaum noch zu erkennen. Rick gab das Optoskop weiter, damit auch Tom und Mona die Ablösung der beiden Feststofftreibsätze beobachten konnten.

„Toll, volles Rohr!" rief Rick.

Die Reliance verließ die Atmosphäre, ihre Antriebsraketen fielen wieder den Gesetzen der Schwerkraft anheim. Bald würden sie ins Meer stürzen und geborgen werden. Nach einer gründlichen Überholung standen sie dann für den nächsten Start zur Verfügung.

Mr. und Mrs. Benson waren auch noch etwas dageblieben. Mr. Benson nahm den Arm von Lauras Schulter. Beide waren stolz auf die Leistung der drei.

„Und was habt ihr als nächstes vor? Ich meine, nach der Devise ‚höher, schneller, weiter'?"

„Ganz einfach, Dad, selbst mitfliegen."

Mrs. Benson nahm die Hand ihres Mannes und drückte sie. Diesen Ton voller Selbstgewißheit hatte sie schon mal gehört.

„Darüber reden wir noch. Und du wirst nicht so einfach deine Sachen packen und in ein Raumschiff steigen."

Rick schaltete sich ein. „Jetzt natürlich noch nicht. Aber es scheint doch darauf hinauszulaufen."

Die Rauchwolke der Antriebsraketen hatte sich inzwischen am Morgenhimmel aufgelöst. Die ausgebrannten Raketenstufen schwebten vermutlich schon dem Wasser entgegen. Die letzten Sterne verblaßten, und am Horizont kündigte sich der Sonnenaufgang an.

„Wenn ihr sehen wollt, wie sie geborgen werden, müssen wir uns beeilen", meinte Mr. Benson.

Inzwischen stand außer ihnen niemand mehr auf der VIP-Plattform. Alle anderen Zuschauer hatten sich in Richtung Verwaltungsgebäude davongemacht. Nach dem Start veranstaltete die Nationale Raumfahrtbehörde einen Empfang mit kaltem Büffet und den üblichen Reden.

Auf einige der Gäste wartete noch ein besonderes Vergnügen. Die Marine hatte ein Luftkissen-Schnellboot bereitgestellt. Wenn es über die Wasseroberfläche dahinraste, konnte man glauben, es hätte Raketenantrieb. An Bord lagen die aufblasbaren Rettungshüllen bereit für die Bergung der Antriebsraketen.

Auf dem Achterdeck stäubte das Meerwasser den Passagieren ins Gesicht. Sie mußten sich hier aufhalten, wenn sie nicht in der Kabine bleiben wollten. Überall sonst war der Wind zu stark.

Etwa zwanzig Passagiere hatten es vorgezogen, im Trockenen zu sitzen. Auch Mr. und Mrs. Benson hielt es nicht länger in der steifen Brise. Tom und die Geschwister wollten auch nicht länger draußen stehen.

„Dauert's noch lange, Dad?"

„Geduld, mein Lieber. Wir müssen ja erst mal eine ordentliche Strecke hinter uns bringen."

Tom deutete auf seinen kleinen Koffer, den er auf den Tisch gelegt hatte, um ihn leicht im Auge behalten zu können.

„Ich kann überhaupt nichts tun bei dem Tempo, nur rumstehen."

Dieser Koffer unterschied sich in nichts von den üblichen Reisekoffern. Keiner der Passagiere wäre so ohne weiteres auf die Idee gekommen, daß sich darin die Miniausführung von Toms CREX-plus verbarg. Indem er die neuesten Laserdiskettenlaufwerke eingebaut hatte – sie waren bereits in die Steckkarten integriert –, war es Tom gelungen, die Abmessungen seines Supermikros in Grenzen zu halten. Nur aufgrund des respektablen Gewichts wäre man auf die Idee gekommen, daß sich in dem unscheinbaren Gehäuse kein übliches Ausflüglergepäck befinden könnte. Tom wartete schon ungeduldig darauf, mit Hilfe des

Skywatchprogramms den Flug der Reliance verfolgen zu können. Über den codierten Sender-Empfänger würden die Freunde mit Marceau und Mr. Chips Kontakt halten.

„Der wackelt noch viel zu sehr“, bestätigte Rick und legte die Hand noch mal auf den Tisch. „Wenn wir jetzt anfangen würden, bekämen wir vielleicht falsche Daten in den Programmleser.“

„Außerdem würde es dir beim Ablesen der Zahlen ganz schön schwindlig werden“, prophezeite Mona.

Mona schaute den Koffer an und nahm ihn doch nicht wahr. Ihre Gedanken beschäftigten sich mit einem anderen Thema. Indirekt hatte es aber doch mit diesem Koffer zu tun. Mona konnte sich am besten konzentrieren, wenn sie etwas mit ihren Augen fixierte, aber doch nicht genau hinsah.

„Ich hab' an Lisa Nessen gedacht“, sagte sie leise.

„Was gibt's Neues?“

Nach der Beschreibung, die Mrs. Benson von der Frau mit dem Kuvert gegeben hatte, konnte es nur Lisa Nessen gewesen sein. Nun, da Mrs. Benson die Skywatch-Diskette erhalten hatte, die Tom beim CommTech hatte lassen müssen, sahen er und seine Freunde ihre Vermutung bestätigt, daß sich Lisa irgendwo am Cape aufhielt.

„Warum ist sie hergekommen?“ fragte Mona. „Wenn sie verdächtigt wurde, an Amys Unfall schuld zu sein, warum riskiert sie es, sich zu zeigen?“

Mr. Benson zuckte die Achseln. „Das ist wirklich merkwürdig. Deshalb hab' ich auch nicht die Polizei verständigt.“

Tom legte die linke Hand auf den Koffer mit der tragbaren CREX-plus-Ausführung. „Es ist nur so eine Ahnung, aber ich glaube, sie hat uns nicht nur das Skywatchprogramm zurückgegeben.“

Noch bevor jemand etwas dazu sagen konnte, gab es einen heftigen Ruck. Das Boot war auf irgend etwas aufgefahren. Die Turbinen heulten auf, und im gleichen Moment begannen die Alarmhörner zu tröten.

„Achtung! Die ganze Besatzung und alle Passagiere auf das obere

Deck! Ziehen Sie bitte sofort die Schwimmwesten an!"

Panik klang in der Stimme des Kapitäns – als befürchtete er, das Boot könne sinken.

„Wo ist diese Nessen?"

„Weg. Wir haben überall gesucht, Cliff."

Jarvis kniff die Lippen zusammen bei Claytons Bericht. Cliff Jarvis erklärte, daß Lisa Nessen durch einen Notausgang entkommen sein mußte. Vermutlich hatte sie dann ein Taxi genommen.

„Könnte es möglich sein, daß sie sich mit den Bensons getroffen hat?"

Clayton schüttelte den Kopf. „Nein. Die waren nicht im Hotel. Sie hat sich am Empfang nach ihnen erkundigt."

Clayton und Jarvis nahmen die Abzweigung, die zu einem privaten Fluggelände führte. Unter dem Gewicht des gestohlenen Satelliten hatte sich die Ladefläche des Lastwagens deutlich gesenkt. Sie hielten am Ende der Rollbahn neben einer alten Propellermaschine vom Typ DC3.

An der linken Bordwand klappte hinter den Tragflächen eine große Ladeluke auf. Das Flugzeug war offensichtlich umgebaut worden und hatte ein hochmodernes technisches Innenleben erhalten. Eine hydraulische Laderampe schob sich heraus und wurde herabgesenkt. Der Pilot nickte den beiden Männern zu. Sein Gesicht war hinter dem Visier seines Schutzhelms verborgen. Clayton und Jarvis schauten sich um, ob auch wirklich niemand in der Nähe wäre. Zeugen wären nicht willkommen gewesen.

Rumpelnd holperte der K22 auf seiner fahrbaren Palette von der Ladefläche des Fahrzeugs auf die Rampe.

„Sei bitte ganz besonders vorsichtig mit unserem besten Stück", mahnte Jarvis.

Der Pilot drückte die Taste für den hydraulischen Lift. Die Laderampe schwebte nach oben. Mit vereinten Kräften schoben die Männer an und lotsten den Satelliten in den Frachtraum.

„Fliegt ihr mit?" erkundigte sich der Pilot.

„Jetzt noch nicht. Wir haben noch was Wichtiges zu erledigen", antwortete Jarvis.

„Ihr habt sie also noch nicht?"

„Aber bald", murmelte Clayton. „Wir kommen nach, sobald wir hier fertig sind", fügte er hinzu. „Die auf Beramas haben alles unter Kontrolle. Und ich möchte doch sichergehen, daß es keine weiteren unliebsamen Überraschungen gibt."

Während hinter ihnen die altertümlichen Kolbentriebwerke blubbernd und knatternd angelassen wurden, verließen Jarvis und Clayton das Rollfeld. Die beiden Sternmotoren brüllten auf, und mit schwankenden Tragflächenspitzen rollte die Maschine zur Startbahn. Die beiden Männer blickten der DC3 nach, die in flachem Steigflug mit ihrer kostbaren Ladung Kurs auf ihr neues Flugziel nahm: Beramas.

Kilometerweit über der alten Dakota, wie man in der Fliegerei diesen Flugzeugtyp nannte, droben im Weltraum, streiften sich zwei Metallkörper. Es gab keinerlei Geräusch bei dem Zusammenstoß, weil keine Luftmoleküle hier oben bewegt werden konnten. Der ausgediente Tanker, S5, folgte den neuen Anweisungen, in seinem Innern die gekaperten Satelliten. Im Griff des K24 tauchte der EDEF gerade wieder aus der Ladeluke auf.

K24 glich seinem Schwestermodell, dem K22 aus dem Raumfahrtmuseum, fast bis in jede Einzelheit. Allerdings hatte er ein verfeinertes Steuerungssystem erhalten und war mit einem leistungsfähigen Lasergenerator ausgestattet. Mit dieser Laserkanone war der K24 imstande, auf eine Entfernung von tausend Kilometern Satelliten zu zerstören. Daß sie sich obendrein per ferngesteuerter Feineinstellung dosieren und millimetergenau fokussieren ließ, das belegten die Graffiti an den Solarpaddeln des COMTEX: Gravierkünste im Weltraum – *„Glück für den Finder"*.

Ferngesteuert von der Bodenstation auf Beramas zog nun K24 den EDEF vom Tanker weg.

Jetzt tauchte ein weißes Raumschiff durch die Wolkendecke der Erde.

K24 reagierte entsprechend.
Die Reliance flog geradewegs auf K24 zu.

Kapitän Marceau beobachtete die Radarbildschirme. Ab und zu blinkten einige Leuchtpunkte. Sie zeigten umherirrenden Raumfahrtmüll an, der von früheren Expeditionen übriggeblieben war.

„Eines schönen Tages wird es auch jemanden geben müssen, der hier oben mit dem Müll aufräumt", murmelte er zu einem der Kollegen.

„Ich könnt' mich bremsen. Ich hab' schon genug damit zu tun, in meiner Garage Ordnung zu halten und Platz fürs Auto übrigzulassen."

Marceau lachte. „Deine Frau würde sicher entzückt sein, wenn sie das hören könnte."

Obwohl die Astronauten wußten, daß diese Mission möglicherweise gefährlich werden könnte, hielten sie sich gegenseitig bei Laune. So wurden sie wenigstens einen Teil von dem Druck los, der auf ihnen lastete. Ihnen war klar, was vom Ergebnis dieser Fahrt abhing. Als sie sich jedoch an die Arbeit machten, um den EDEF zu bergen, veränderte sich ihr Verhalten völlig.

„Missionskapitän Marceau. Den Kommunikationisscrambler."

Nachdem sein Stellvertreter die Meldung ausgegeben hatte, stellte Marceau das Gerät an. Über diesen Scrambler schickte die Nationale Raumfahrtbehörde strenggeheime Daten, die sich auf das Militär und die Landesverteidigung bezogen.

„Meine Herren, unsere Pläne haben sich geändert." Marceau las die Meldung auf dem Scrambler-Bildschirm vor.

„Der Abschuß des Verteidigungssatelliten D8 muß verschoben werden. Und zwar bis nach der Bergung des EDEF. Es ist wichtig, daß die Reihenfolge des Vorgehens geändert wird. Wiederhole, Start des D8 erst nach erfolgreichem Bergungsmanöver."

„Wär' ja nicht schlecht, wenn die sich mal festlegten. Immer dieses Hin und Her. Mal so, dann doch wieder andersrum", meinte ein Kollege von Marceau.

„Vielleicht befürchten sie, daß er schnell wieder abtauchen könnte“, vermutete Marceau. Insgeheim fragte er sich, ob die Nationale Raumfahrtbehörde auf diese Weise verhindern wollte, daß der EDEF noch einmal entführt wurde.

In der Kabine des Raumschiffes konzentrierten sich die Astronauten auf die erforderlichen Kurskorrekturen. Da sie nun auch den Frachtraum noch nicht öffnen mußten, blieb mehr Zeit, den EDEF aufzuspüren.

Außerdem konnten die Astronauten noch die Zeit nutzen und ein wenig die Umgebung begutachten. Als sie gerade eine Umlaufbahn hinter sich gebracht hatten, schwebten sie unmittelbar über dem Äquator. Heute war die Sicht ungewöhnlich klar, so daß sie am Horizont sogar die kleineren karibischen Inseln deutlich erkennen konnten.

„In dreißig Minuten beginnen wir mit dem ersten Experiment“, gab Marceau bekannt. „Infrarottest von Wüstenböden.“

Daraufhin bereitete eines der Besatzungsmitglieder die Ausrüstung vor, ein anderer Kollege justierte das Bord-Teleskop und gab für den EDEF die Koordinaten ein.

„Robert, sieh mal, was uns da ins Netz gegangen ist.“

Marceau hatte den freudigen Ausruf über die Wechselsprechanlage gehört und stellte den Monitor auf Teleskop-Empfang. Der EDEF kam freischwebend ins Bild.

So sah es zumindest aus.

„Da ist ja unser ‚Vogel‘“, rief Marceau.

Außerhalb des Teleskop-Blickfeldes glitt der K24 dahin und bereitete einen Hinterhalt für die glitzernde Weltraumkutsche vor. Jetzt, am Ende des zwanzigsten Jahrhunderts, hatten Laserstrahlen die frühere Rolle von Gewehrkugeln übernommen.

„Ist er naß geworden?“

Tom öffnete den Koffer und sah gleich nach. Aber der gutverpackte CREX-plus-Portable schien nichts abbekommen zu haben. Zumindest war ihm äußerlich nichts anzusehen. Und ob die

Transportsicherungen der Laufwerke hielten, was der Hersteller versprochen hatte, würde sich erst bei Inbetriebnahme herausstellen.

„Schade, daß das Luftkissenboot nicht auch so gut davongekommen ist“, bedauerte Mona.

Zusammen mit den anderen Passagieren befanden sich die Bensons und Powells mittlerweile an Bord einer Marinefregatte, die den Notruf des schwerbeschädigten Gefährtes aufgefangen hatte. Verletzte hatte es gottlob nicht gegeben, aber das Luftkissenfahrzeug war völlig manövrierunfähig. Es war nämlich auf eine der ausgebrannten Raketenstufen geprallt, die nur wenig aus der Wasseroberfläche herausragte. Anscheinend hatte der automatische Peilsender des Fallschirms versagt, so daß der Kapitän die kaum sichtbare Hülle nicht rechtzeitig orten konnte, um dem gefährlichen Hindernis auszuweichen.

Von dem Fregattenkapitän hatte Mr. Benson erfahren, daß auch mit dem Navigationsrechner etwas nicht in Ordnung gewesen sei.

„Tja, und das Peilsystem des Boosters war nicht in Betrieb. Zweimal Pech. Hätte schlimm ausgehen können.“

Die Bensons und Powells hatten sich über den Zwischenfall mittlerweile ihre eigene Meinung gebildet; sie vermuteten Sabotage.

„Aber wie werden wir das je beweisen können?“ seufzte Mona. „Dieses Antriebsding liegt ja nun auf dem Meeresgrund.“

Tom tappte mit den Fingern leicht auf seinen Portable und lächelte. „Das hier ist ein ganz sicherer Kreuzer.“ Er meinte die Bewegungen der viel größeren und langsameren Marinefregatte. „Ich bin dafür, daß wir uns ein bißchen verdrücken.“

Toms Eltern schauten zu, wie das Luftkissenboot mit der Fregatte vertäut wurde. Auf diese Weise verhinderte man, daß der Havarist eventuell doch noch sank. Dafür verlor die Fregatte erheblich an Geschwindigkeit.

„Wie wär’s damit?“

Ziemlich weitab von den anderen, in dem Eingang zu den Rettungsbooten, bauten die Freunde ihre miniaturisierte Satellitenfunkstation auf. Sie schlossen die Lichtleiterkabel an eine zusammenlegbare Parabolantenne, die Rick inzwischen entfaltet und auf einem Stativ befestigt hatte.

„Hast du unsere Klappschüssel angestöpselt?“ Tom hatte inzwischen die Laufwerke getestet.

„Na klar!“ Rick war guter Dinge. Das mit unserem Crash könnten wir doch glatt als Werbestory an den Laufwerkshersteller verkaufen, was meinst du, Tommy?“

„Du bist doch wieder mal ein publicityscharfer Gierhals!“

Sobald die Antenne ausgerichtet war und sie Skywatch geladen hatten, drängten sich die Freunde um den kleinen Monitor. Gleich darauf war auf dem Plasma-Bildschirm eine genaue Karte mit den umlaufenden Satelliten zu sehen, das heißt denjenigen, die sich innerhalb der Reichweite von Skywatch aufhielten.

„Ach ja, den Identifikations-Prüfer!“ erinnerte sich Tom.

Jetzt kam die besondere Überraschung von Lisa Nessen. Auf der Laserdisk, die sie Mrs. Benson zugesteckt hatte, entdeckten die Freunde neue Daten über nichtidentifizierte Satelliten, die erst kürzlich entdeckt wurden. Einer davon war der Tanker S5!

Mit dem Lichtgriffel tippte Mona an bestimmte Leuchtpunkte.

Das Lesesignal identifizierte sie. Über die Fußzeile des Bildschirms liefen die Namen der Satelliten.

„Keiner dabei, der für uns wichtig wäre“, meinte Mona ziemlich enttäuscht.

Jetzt schaute sie lieber dabei zu, wie ihr Bruder und Tom am Programm weiterarbeiteten. Ihr Blick fiel auf das rotierende Radargerät auf dem Dach der Fregatte. Sie hatte eine Idee.

„Warum wählst du nicht einfach direkt?“ fragte sie.

Tom und Rick wendeten ruckartig die Köpfe und schauten Mona ganz entgeistert an.

„Und zwar unsere automatische Astronauten-Relaisstation“, setzte sie hinzu.

Damit wollten Tom und Rick eigentlich noch warten. Außerdem würde es noch etwa zehn bis zwölf Minuten dauern, bis die Reliance in den Wirkungsbereich ihres Kommunikations-

systems geriet.
„Gut, dann werd' ich in der Zwischenzeit mal nachsehen, was deine Eltern Schönes machen."

Mona ging zum Achterdeck. Dort standen auch die anderen Passagiere des havarierten Luftkissenbootes. Ein Marineoffizier sprach zu den Schiffbrüchigen. Sie schlängelte sich zu den Bensons durch, da schnappte sie noch einen Satzfetzen auf: „... nach einem kurzen Aufenthalt auf Beramas."

Mona riß es herum. Beramas? Da war doch gerade ihre Freundin Cheryl.

Mr. Benson hatte Monas Reaktion bemerkt. „Du hast schon richtig gehört. Diese Fregatte war nämlich unterwegs zu einem Manöver und zwar vor der Küste von Beramas. Da kam unser SOS-Ruf. Leider müssen wir so lange auf der Insel bleiben, bis irgendeine Maschine uns aufpickt. Und das heißt, daß wir so lange auch nicht am Cape sein können."

„Bedeutet das, wir bleiben ein Weilchen auf Beramas?" Mona konnte es noch nicht so recht fassen.

„Nur für ein paar Stunden. Dann werden wir zurückgeflogen", erklärte Mrs. Benson.

Mona suchte in Gedanken schon nach einer Möglichkeit, mit Cheryl Kontakt aufzunehmen. Vielleicht könnten sie ja länger auf der Insel bleiben. „So was aber auch." Vor ein paar Tagen hatten sie im Big Byte noch darüber gesprochen. Und jetzt steuerte diese Fregatte direkt darauf zu.

„Hallo, Mona, woran denkst du denn die ganze Zeit?" erkundigte sich Mrs. Benson.

Aber Mona hörte sie nicht. Sie war noch ganz gefangengenommen von der Vorstellung, so unverhofft zu ein paar Tagen auf Beramas zu kommen. Schön würde es sicher auch werden. Cheryl und Rick waren miteinander befreundet. Und Tom – nun sie würde sehen. Immerhin hatte er versprochen, ihr in den nächsten Ferien Windsurfen beizubringen. Jetzt wäre dazu Gelegenheit.

„Mona?"

„Ja? Ich hab' ein bißchen nachgedacht, Mrs. Benson."

„Das war unübersehbar, liebe Mona. Weißt du, wo die Jungs stecken?"

Mona nickte und lief zu den beiden zurück. Tom und Rick saßen noch vor ihrer tragbaren CREX-plus-Bodenstation. Mona wollte gerade die Neuigkeit loswerden, als Rick seine Hand hob und ihr zu verstehen gab, daß sie noch warten sollte.

„Psst, wir kriegen ein codiertes Signal", flüsterte er.

Tom drückte den Aufnahmeknopf. Der Lichtgriffel kreiste auf dem Bildschirm zwei Punkte ein.

„Satelliten S5 und K24!"

„Und was ist mit den Signal-Codes?" fragte Rick.

„Die sind abgegangen und kommen wieder zu der gleichen Bodenstation zurück", erklärte Tom. „Und unser Kreuzer fährt genau in die Richtung."

Mona wußte, welches Ziel die Fregatte ansteuerte.

„Beramas!"

Gefangen!

„Noch eine Bewegung, und Sie sind tot!"

Diese Worte trafen Lisa Nessen fast ebenso hart wie Kugeln.

„Hier lang, Miss Nessen!"

Lisa Nessen konnte keinen ihrer Entführer sehen. Aber die Stimmen erkannte sie. Von einem plötzlich aufleuchtenden Lichtstrahl war sie geblendet und im nächsten Moment in einen Lastwagen gestoßen worden.

„Ich wußte, daß Sie auf den Köder anbeißen würden." Jarvis grinste.

Auch Neil Clayton lachte. Er fuhr den Wagen. „Wie heißt es doch? Wer sich in Gefahr begibt, kommt darin um."

Mit einem Trick hatten die beiden Lisa Nessen zum Raumfahrtmuseum gelockt. Sie hatten in der lokalen Presse bekanntgeben lassen, daß Tom, Rick und Mona im Raumfahrtmuseum eine zweite Ausfertigung ihres EDEF-Experimentes zeigen würden. Clayton und Jarvis wußten, daß Lisa Stanton verlassen und seitdem versucht hatte, mit den Freunden in Kontakt zu kommen. Deshalb, so rechneten sich Clayton und Jarvis aus, würde sie auf jeden Fall zum Museum kommen. Das hatte sie auch getan, wobei sie den beiden ins Netz gegangen war.

Ihre Überlebenschancen schätzte Lisa nicht mehr sehr hoch ein. Sie dachte an den Unfall ihrer Freundin Amy.

Und sie war sich darüber im klaren, daß sie beide nicht mehr lange zu leben hätten, falls Amy aussagen konnte, wer sie gestoßen hatte.

Clayton wendete und fuhr in Richtung des Privatflugplatzes. Der Pilot wartete bereits. Es sollte wieder auf die Beramas gehen. Dorthin hatte er bereits den gestohlenen Satelliten gebracht. Dieses Mal nahm er drei Passagiere mit.

Die Astronauten erkannten, daß ihr Leben in Gefahr war. Das Kommunikationssystem der Reliance war tot. Es konnte keine Signale von der Bodenkontrollstation empfangen. Senden ging auch nicht mehr.

„Commander, er ist immer noch da“, gab der Navigator durch.

Der K24 schwebte am Fenster des Cockpits vorbei. Die Astronauten wußten, daß der Satellit die Funkstille verursacht hatte. Als er zum ersten Mal hinter dem EDEF auftauchte, hatte er die Reliance in einen wahren Lichtregen gehüllt. Auf irgendeine Weise waren sie in eine Wolke ionisierten Gases geraten, die keine Funksignale mehr durchließ.

„Jeder weiß doch, daß unsere Raumschiffe unbewaffnet sind und über keinerlei Abwehrsysteme verfügen. Hier oben können wir uns nicht verteidigen. Und zwar hauptsächlich aus dem Grund, weil keiner je auf die Idee gekommen wäre, daß uns jemand oder irgend etwas angreifen könnte. Bis jetzt zumindest nicht...“

Die Männer beobachteten den K24. Wieder stieß er einen konzentrierten Laserstrahl aus. Diesmal traf er die Spitze der Reliance. Im Innern gingen die Lichter aus. Gott sei Dank hatten die Astronauten bereits ihre Raumanzüge angelegt. Als Vorsichtsmaßnahme für den Fall, daß die Sauerstoffversorgung nicht vollständig funktionieren sollte.

„Was will der eigentlich?“ Was glaubst du, Marceau?“

Marceau schaute den Mann an, der neben ihm saß. „Unser Raumschiff, nehm’ ich an, und vermutlich D8, den ‚Pentagon-Kolibri‘ im Frachtraum.“

Jetzt war Marceau überzeugt, daß die letzte Meldung auf dem Scrambler in Wirklichkeit von der Stelle stammte, die die Steuerung von K24 überwachte.

Der EDEF trieb außerhalb ihrer Umlaufbahn. Er hatte als Lockvogel für die Reliance gedient, die eigens seinetwegen noch einmal gestartet war. Und jetzt war er der einzige – leider stumme – Zeuge ihrer Misere.

Marceau als Chef der Mission wußte, daß er jetzt handeln mußte. Er bat einen Kollegen, ihm den Raumanzug zuzumachen.

„Wo willst du hin?“

„Nach Mr. Chips sehen.“

Das war derart bestimmt gekommen, daß keiner der Kollegen es gewagt hätte, dagegen etwas einzuwenden.

„Mann, ich schwitze wie ein Schwein.“

„Ricky!“

„Okay, okay, Schwester, ich sag’s schon nicht mehr.“

„Versteh mich bitte nicht falsch, Brüderchen, aber bist du dir sicher, daß Paarhufer schwitzen? Abgesehen davon, daß es einfach eine Beleidigung für die Keiler ist, mein Lieber.“

Sie standen auf der Terrasse des Rathauses von Beramas. Der Schweiß rann ihnen aus allen Poren. Zwar war die Terrasse überdacht, so daß die Sonne nicht direkt auf sie herunterbrannte, aber in der starken Hitze fühlten sie sich wie benommen.

Die Passagiere des beschädigten Luftkissenbootes waren inzwischen auf Beramas an Land gegangen. Die Marinefregatte nahm ihre unterbrochene Manöverfahrt wieder auf, und die Inselverwaltung bemühte sich darum, für die unvorhergesehenen Besucher einen Rückflug zu organisieren.

Die Bensons kamen gerade aus dem Rathaus, als sich die Versammlung aufzulösen begann. Tom lächelte. Aber seine Eltern wirkten eher mißmutig. Mona und Rick wußten, was diese Mienen bedeuteten.

„Wir können keinen Rückflug kriegen!"

„Manjahna", meinte Tom und ahmte den schicksalergebenen Ton der Inselbewohner nach. „Morgen."

Laura und Mike Benson waren nicht gerade begeistert, konnten aber verstehen, daß sich ihre Schützlinge sehr über diese Verzögerung freuten.

„Habt ihr eure Freundin schon erreicht", erkundigte sich Mrs. Benson.

Mona nickte. „Sie ist schon unterwegs. Sie hat von ihrer Kusine das Schnellboot geliehen."

„Dann sag ihr, daß sie achtgeben soll. Vielleicht schwimmen ja noch mehr von den leergebrannten Boostern rum", empfahl Mr. Benson. Er gähnte fast. „Laura, diese Hitze macht mich noch völlig fertig. Laß uns an den Strand gehen. Der soll gar nicht weit sein."

„Und die lieben Kleinen, nehmen wir die nicht mit, Ed?"

Mr. Benson schüttelte den Kopf. „Vergiß nicht, immerhin sitzen wir ihretwegen hier fest."

Tom schaute seinen Eltern nach, wie sie Arm in Arm loszogen. „Eigentlich könnten die sich bei uns dafür bedanken, daß wir hier gelandet sind, anstatt so rumzumotzen."

In der Zwischenzeit hatten Mona und Rick sich überlegt, was als nächstes zu tun war. Mona stellte sich hinter Tom und ließ den Trageriemen von seinem Koffer einmal kurz schnalzen.

„Im übrigen, Tom, wenn du schon herausgefunden hast, daß die Signale von dieser Insel abgehen, so wäre es vielleicht ganz gut zu wissen, von woher sie genau kommen. Und außerdem sollten wir uns jetzt vorher schon darüber verständigen, ob wir Cheryl und ihrer Kusine etwas davon sagen."

Schwierig, jetzt die richtige Entscheidung zu treffen.

Einerseits wollten sie sich schon gern helfen lassen, andererseits bedrückte es sie, Cheryl und ihre Kusine vielleicht unvorhergesehenen Gefahren auszusetzen. Untereinander kannten sie sich, und es war klar, was einer vom anderen in schwierigen Situationen erwarten konnte. Oft genug war es vorgekommen, daß die Lage aussichtslos schien. Aber Cheryl hatte die Erfahrung mit ihnen noch nicht gemacht.

Sie überquerten die Straße und stellten den an Bord der Fregatte frisch nachgeladenen CREX-plus unter einer Palme ab. Das Skywatchprogramm trennte das Raumschiff, den EDEF und den Satelliten K24. Tom starrte auf die gespeicherten Daten, die jetzt am unteren Rand des Minimonitors angezeigt wurden.

„Das gibt's doch nicht! Alle drei sind auf einer unveränderten Umlaufbahn!"

Für die Reliance war das eigentlich nicht vorgesehen gewesen. Normalerweise bewegen sich nur Wetter- und Fernmeldesatelliten auf geostationären Bahnen. In dieser Stellung, etwa 23 000 Meilen über der Erde, wirkten sie unbewegt, da sie mit der gleichen Winkelgeschwindigkeit kreisten wie die Erdoberfläche.

„... und unser Datenübertragungssystem funktioniert auch nicht!" rief Tom nun ziemlich verzweifelt. Er hatte versucht, Käpten Marceau zu erreichen.

„Da kann auch Mr. Chips nicht helfen", kommentierte Rick.

„Es sei denn, Marceau startet einen manuellen override", erinnerte Rick. „Dazu wird er aber einen kleinen Spaziergang im Weltraum machen müssen."

Mona hatte sich die Signale genau angeschaut, die über den CREX-plus ankamen. Ein plötzlicher Wechsel in der Feldstärkeanzeige hatte ihre Aufmerksamkeit erregt.

„Da schon wieder. Und von derselben Position aus wie vorhin!"

Mona schrieb die Landkoordinaten auf. Diese Signale mußten aus dem südlichen Teil von Beramas kommen!

„Laßt uns ein Café suchen", schlug Mona vor. „Vielleicht können wir dort eine Landkarte kaufen."

Tom packte den Portable wieder ein. Sie beschlossen, einfach die

Straße entlangzugehen. Sie zog sich zwischen Palmen und anderer üppiger Urwaldvegetation dahin. Heiß war es. Mona, Rick und Tom fühlten sich ziemlich erschöpft. Nach einer Weile fanden sie ein Café. Höchste Zeit, denn sie brauchten dringend irgend etwas Erfrischendes. Außerdem wollten sie auch endlich jemanden über die Insel ausfragen.

Der Geschäftsführer, ein zahnloser alter Herr, brachte ihnen gekühlte Kokosmilchdrinks. Im Inselpidgin gab er seine Erläuterungen ab.

„Karten nicht nötig", meinte er, nachdem die drei ihm erklärt hatten, wonach sie suchten. „Ist Ort am Meer, richtig?"

Sie wollten unbedingt noch mehr von ihm erfahren.

Mit leiserer Stimme fuhr er fort. „Niemand dort. Schlecht für Schiffe. Viele Wracks. Niemand dort."

Die Freunde wußten zunächst nicht, ob er meinte, daß man dieses Gebiet nicht betreten dürfe. Sie fragten ihn, woher er denn wisse, daß niemand dort lebte.

„Dort nur Vögel."

In Tom regte sich eine Ahnung.

„Ein Schutzgebiet für Vögel?"

„Alles nur Vögel."

„Wie heißt denn dieses Gebiet?" hakte Mona nach.

„Hmm." Der Mann legte die Stirn in Falten. Eine Weile war es still. „Wenn ich Kind war, wir sagen ‚Gumarrto'. Das heißt ‚bleibe fern'. Heute, sagen die Leute ‚Vogelbeobachtungsbucht'."

Die Freunde verständigten sich mit den Augen. Ihnen war noch heißer geworden. „Vogelbeobachtungsbucht"! Astronaut Marceau hatte einmal erwähnt, daß der Spitzname für Satellit „Vogel" sei. Und für Marceau bedeutete „Vogelbeobachten" soviel wie „Satelliten beobachten"!

„Aber man kann nicht hinkommen."

„Warum", wollte Rick wissen.

„Ihr braucht Boot."

Der Mann lächelte und machte ihnen ein Angebot.

„Mein Bruder, er hat Boot. Du zahlen, er euch mitnehmen."

Den Freunden war unbehaglich zumute. Sie dankten für die freundliche Bewirtung und die Auskunft.

„Wir treffen Cheryl am Rathaus“, erinnerte Mona die beiden. „Und ihre Kusine hat ein Schnellboot.“

„Wenn sie da mal nicht übertrieben hat“, antwortete Tom.

Cheryl Tasel wartete bereits auf der Veranda. Sie winkte ihnen zu.

„Wißt ihr noch, neulich im Byte? Und ich hab' euch gesagt, daß ihr nur dafür sorgen müßtet, hierherzukommen.“ Cheryl konnte es noch immer kaum fassen, daß die drei jetzt tatsächlich vor ihr standen. „Wie habt ihr das denn hingekriegt?“

Mona erzählte. Für Cheryl klang es fast unglaublich, was alles geschehen war. Das konnte natürlich nur den dreien aus Stanton passieren.

„Wo ist deine Kusine mit dem Schnellboot?“

„Eines müßt ihr wissen: Die Uhren auf der Insel hier gehen anders“, klärte sie Rick auf. „Und das heißt, hier geht alles um Stunden oder sogar Tage langsamer als anderswo. Deshalb sind auch Fahrpläne der reinste Witz. ‚Schnellboot‘ heißt auf Beramas nur, daß du nicht rudern mußt.“

Tom blickte zu Mona hinüber. Er hatte es ja bereits vermutet. „‚Schnellboot‘ war also leicht übertrieben?“

„Schon, ja. Es ist ein gemütlicher Zweisitzer. Ein bißchen schneller als mit Rudern geht es aber schon. Für den Rest des Tages hat sie es mir gegeben.“

Sie erzählten Cheryl, daß sie vorhätten, sich die „Vogelbeobachtungsbucht“ genauer anzusehen. Davon war Cheryl überhaupt nicht begeistert.

„Ohne mich. Die Korallenriffe sind ziemlich tückisch. Da sollen schon einige Boote hopsgegangen sein. Hab' ich zumindest gehört. Aber es muß phantastisch sein, den Vögeln zuzuschauen, wie sie im Sturzflug herunterkommen, sich Fische aus dem Meer fangen und sich anschließend auf den Korallenriffs oder Sandbänken niederlassen. Die sind dort nämlich so hoch.“ Sie machte eine Handbewegung, die auf mindestens zehn Meter schließen ließ.

Einen Schiffbruch wollten sie nun doch nicht riskieren. Die Freunde gingen zurück zu dem alten Mann im Café und baten ihn, er möge sie zu seinem Bruder bringen. Cortazar hatte im Hafen ein Fischerboot liegen.

„Vogelbucht? Okay?"

Der Kapitän sah dem alten Mann aus dem Café überhaupt nicht ähnlich. Hätte der es nicht erwähnt, die Freunde wären nicht auf die Idee gekommen, die beiden könnten Brüder sein. Cortazar war um die sechzig, drahtig und seine Haut faltig und braun vom Leben auf dem Wasser und unter dieser heißen Sonne. Wenn er lachte, sah man eine Reihe makelloser weißer Zähne.

„Warum dorthin?"

Tom erzählte ihm, daß sie gern Vögel beobachten und erfahren hätten, daß diese Insel bestens dafür geeignet sei. Von der „Vogelart", die sie am meisten interessierte, erwähnten sie natürlich nichts.

Den kleinen Zweisitzer von Cheryls Kusine hängte er an sein Fischerboot. Um den vier Freunden Platz zu schaffen, warf er die Fangnetze in den Zweisitzer. Cortazar lächelte, als er zum südlichen Teil der Insel aufbrach. Während sie über das Wasser glitten, warnte er die Freunde vor der tropischen Wildnis.

„Viele Schlangen, alle Farben. Und Eidechsen. Sie verstecken sich unter Felsen. Seid vorsichtig! Das Kreischen? Hört ihr? Das sind keine Menschen, das sind Vögel." Cortazar lachte. Er hielt den Witz für gelungen. Seine vier Passagiere aber fühlten sich nicht mehr so wohl. Der Fischer genoß es offensichtlich, von den Schrecken des Urwalds zu erzählen. „Und Spinnen! So groß wie nirgendwo sonst. Sehr, sehr große Spinnen."

Damit hatte er Rick das Stichwort gegeben. Rick wollte die gedrückte Stimmung vertreiben. „Spinnen? Davor fürchten wir uns nicht. Immerhin, meine Schwester kennt sich aus mit den Tierchen. Sie liebt Spinnen!"

Cortazar kniff ein Auge zu und blickte zu Mona hinüber. „Ja?"

„Stimmt", antwortete Mona mit einem leicht herausfordernden Ton.

Der Fischer begann zu lachen. Erst ganz kehlig, dann immer höher, bis es in einem Kreischen endete. Dann zeigte er auf einen Schwarm vorbeiziehender Vögel über ihren Köpfen.

„Seht ihr? Wir sind gleich da.“

Rick nestelte an seiner Umhängetasche und zog das Optoskop heraus. Er suchte das Inselstück ab. Cortazar war von dem Gerät beeindruckt. Als Mona und Tom auch noch den Koffer öffneten und am CREX-plus arbeiteten, war er nahezu überwältigt.

„Ihr drei Wissenschaftler?“

Die vier wollten sowenig wie möglich über sich sagen, allerdings ohne dabei unhöflich zu wirken. Auf der Insel würden sich Neuigkeiten sehr rasch verbreiten.

„Vogelkundler“, sagte Tom. Und es entsprach ja fast den Tatsachen.

„Ja, ja“, murmelte Cortazar. „Ich zeige euch was.“

Der Fischer deutete auf die Satelliten-Parabolantenne, die Mona gerade justierte. Tom reagierte schnell.

„Haben Sie so was schon mal gesehen?“

„Ja“, antwortete Cortazar. „Aber noch viel, viel größer.“

„Da, ich sehe sie!“

„Ricky, gib mir das Optoskop!“

Toms Herz schlug schneller. Eine Stunde war ungefähr vergangen, seitdem Cortazar ihnen gesagt hatte, wo so ein ähnliches Gerät stand. Er hatte sie an Land gehen lassen und versprochen, sie bei Sonnenuntergang wieder abzuholen. Jetzt saßen sie auf einer kleinen Insel südlich von Beramas im tropischen Dschungel und spähten durch das Unterholz. Vor ihnen lag, gut getarnt, ein niedriges Gebäude, und etwas abseits standen zwei große Satellitenantennen. Das also war die geheime Bodenstation.

„Und du bist sicher, daß es hier ist?“ fragte Mona noch einmal nach.

„Ganz sicher. Überzeug dich selbst.“

Tom reichte ihr das Fernglas. Durch das Optoskop sah sie eine vertraute Gestalt an der Mauer neben dem Haus stehen.

„Es ist wirklich Lisa Nessen!“

„Wer?“ Cheryl wußte nicht, wer gemeint war.

Leise erklärte Mona ihr, wer Lisa Nessen war, und erzählte von dem Unfall ihrer Freundin. Dabei wurde Mona bewußt, daß sie Cheryl nun mit hineingezogen hatte.

„Ich fühl' mich auch nicht besonders wohl“, flüsterte Cheryl. „Ich glaube, ich geh' lieber zum Boot zurück und warte dort.“

„Das wäre vielleicht am sichersten. Gott sei Dank hat der Typ ja dein Boot dagelassen.“

Tom und Rick hatten sich inzwischen ein Stück weit in das Stationsgelände hineingewagt. Sie hielten sich im Schatten der beiden großen Parabolantennen. Jetzt erkannten sie auch, weshalb Lisa Nessen immer noch an der Wand stand – sie war mit Handschellen an einen Pfahl gekettet.

„Wir müssen sie befreien“, flüsterte Tom. Er drückte sich tief in das hohe Gras.

„Hast du denn den Schlüssel für ihre Handschellen?“ entfuhr es Rick.

Tom hatte nichts dergleichen mit. Alles, was er bei sich trug, war der Koffer mit dem CREX-plus, keine Feile oder ähnliches.

„Hätten wir doch unseren Allesfummler mit – ich wollte noch mal zurück und ihn holen, verdammt!“

„Das bringt jetzt auch nichts, vergiß es!“

Tom kroch noch etwas näher an die Spanndrähte des Antennenmastes heran. In seinem Kopf entstand ein Plan.

„Wer ist das?“ flüsterte er.

Ein Mann war aus der Tür getreten. An seiner steifen Haltung erkannten sie ihn jedoch gleich. Es war Cliff Jarvis. Er ging auf Lisa Nessen zu. Er sagte etwas. Aber sie gab keine Antwort. Jarvis zog etwas aus seiner Hosentasche. Es sah aus wie ein Päckchen Kaugummi. Lisa Nessen antwortete immer noch nicht. Jarvis drehte sich um und ging ins Haus zurück.

„Ricky, hilf mir!“

Gerade als Rick sich zu Tom hinüberwälzen wollte, hörte Tom ein Rascheln in den Blättern, von ganz nah mußte es gekommen

sein. Tom und Rick rechneten damit, sich verteidigen zu müssen.
„Iiihhhh!“ Es war eine grüne Eidechse. Sie kroch an ihnen vorbei. Als sich Rick aber wieder zum Haus hindrehte, wäre er vor Schreck fast erstarrt. Eine Riesenspinne lag neben ihm. Sie war von der Antenne gefallen.
„Cortazars Rache!“ flüsterte Tom.
Rick schlug nach dem Tier. Dann war ihm wieder wohler.
„Vor den Dingern mußt du dich nicht fürchten“, sagte Tom.
„So, und warum nicht?“
„Die sind nicht giftig. Wenn sie dich gebissen haben, pennst du höchstens einen Tag lang. Das ist alles.“
Rick wußte nicht so recht, ob das stimmte oder ob Tom ihn nur beruhigen wollte. Wie auch immer – wenn sie sich weiter damit aufhalten würden, ob die Tiere nun gefährlich seien oder nicht, es brächte sie nicht weiter. Immerhin hatten sie einiges zu erledigen.
Tom deutete auf die Signalleitungen am Fuß des Antennenmastes und löste die Transportsicherungen des CREX-plus.
„Verstehe!“ Rick grinste.
Toms Vater hatte ihnen einmal erklärt, wie man Telefonleitungen anzapft. Deshalb konnte er sich jetzt in alle Datenübertragungen einschalten.
„Ricky, halt mal inzwischen die Augen offen. Wir gehen jetzt rein.“
Tom stellte CREX-plus auf Übertragung. Ein Signalmuster erschien auf dem Monitor. Die Datenanzapfung klappte vorzüglich. Aber leider kam alles hochgradig verschlüsselt!
„Aus der Traum!“ seufzte Tom.
„Hätten wir nur den Decoder oder Unscrambler mitgenommen!“ Rick klang auch völlig frustriert.
„Wenn wir diese Fregatte anpeilen und veranlassen könnten, daß die ihre Kanonen auf dieses Gelände richten. – Es sieht schon sehr danach aus, daß wir bis Sonnenuntergang hier tatenlos rumsitzen müssen. Hoffentlich ist Cortazar pünktlich.“
Tom hatte das Gefühl, wieder mal das Gebüsch hinter sich genau absuchen zu müssen. „Ricky, wo ist deine Schwester?“

„Mit Cheryl zum Boot gegangen. Ist auch ganz gut so."
„Warum?" Tom hielt den Blick auf die Datencodes gerichtet, die auf dem Monitor des CREX-plus erschienen.
„War wohl zu langweilig für sie."
Als Rick den Kopf wandte, sah er Gewehrmündungen auf sich gerichtet.
„Willkommen auf Beramas!" Das war Neil Clayton.

Simultaner Showdown

Die Reliance bewegte sich auf die Öffnung des S5-Tankers zu.
„Es zieht uns rein!"
Hilflos mußte die Mannschaft im Cockpit zusehen, wie ihre Raumfähre immer näher an den Laderaum herangezogen wurde. Wer auch immer dahinterstecken mochte, ihm war es auch zu verdanken, daß die Kommunikationssysteme lahmgelegt waren und fast alle lebenswichtigen Versorgungsleitungen nicht mehr funktionierten. Die Reliance war in der Gewalt dieser unbekannten Macht.
„Unsere Steuerung ist blockiert!" schrie der Navigator. Daß er schrie, konnte man nur an seinem Gesichtsausdruck erkennen, denn der Helm dämpfte seine Stimme. „Wie die Beute im Netz einer Spinne. Wir sind gefangen!"
Die anderen hörten ihn nicht. Nicht einmal verständigen konnten sie sich noch. Wenigstens arbeiteten die Sauerstofftanks von jedem Besatzungsmitglied über eigene Batterien. Die Astronauten wollten gar nicht erst darüber nachdenken, wie lange der Vorrat noch reichen würde.
„Wo ist denn unser Weltenraumbummler?"
Marceau hatte die Ladebucht angesteuert. Da drinnen war es stockfinster. Aber dank vieler Stunden Simulationstraining fand er sich auch in dieser Dunkelheit zurecht.
„Mr. Chips. Jetzt zeig, was du kannst." Marceau keuchte. Er

löste den Roboter aus dem Verpackungsmaterial und hob ihn aus der Transportkapsel. Jetzt bemerkte Marceau, wie wenig vertraut er mit Mr. Chips war.

„Die Jungs mögen sich ja vielleicht auch mit geschlossenen Augen auskennen", dachte er. „Aber ich brauche wenigstens ein bißchen Licht."

Das bedeutete, er mußte die Tür des Laderaums öffnen. Aber ohne elektronische Unterstützung würde er all seine Kräfte dafür aufbieten müssen.

„Ich muß es schaffen. Chips ist unsere letzte Chance." Die Jungen hatten Chips mit verstärkten Greifarmen ausgestattet – Teile eines kleineren Handhabungsautomaten, der, von einer Infrarot-Sensorautomatik geleitet, mit einem selbstlernenden, joystick-gekoppelten Steuersystem gekoppelt war. Sie hatten schon daran gezweifelt, ob das alles im Innern des kleinen Roboters unterzubringen war, und nur grob antesten können, erinnerte sich Marceau. Doch nun konnte er versuchen, ob es funktionierte. Er tastete die beiden Arme ab und fand auch den Schalter. Den linken Greifarm hielt er nun an den Hebel für die Schließmechanik der Ladebuchtklappen des Laderaums.

„Bist ja ein Schatz!"

Mr. Chips Arm setzte tatsächlich die Laderaumtüren in Bewegung.

Marceau hatte erwartet, jetzt ein Stück von der Erde zu sehen. Aber statt dessen kam eine dunkle Höhlung auf ihn zu. Es sah aus, als würde die Reliance da hineingesogen.

Sie saßen im Finstern. Am Boden und an den Wänden war es feucht. Deshalb vermuteten Tom und Rick, daß sie sich im Keller befanden.

„Das ist eine Höhle!" rief Rick.

Tom lauschte angestrengt auf die Stimmen aus dem Raum über ihnen. Da oben wurde offensichtlich gestritten. Es hörte sich so an, als sei ein Mann, der mit Akzent sprach, ziemlich sauer auf Cliff Jarvis und Neil Clayton.

Nach einer Weile vermutete Tom: „Das sieht nicht gut aus für uns."

„Könnte schlimmer sein", antwortete Rick.

In diesem dunklen Verlies klang das geradezu lächerlich. Aber beide mußten lachen, das heißt, sie lachten kurz auf. Sie wußten, daß sie ruhig bleiben mußten und außerdem ganz wachsam.

Ein Schlüssel wurde ins Schloß gesteckt.

„Kommt raus!"

Ihre Augen paßten sich schnell dem jähen Wechsel von Hell und Dunkel an. Einer von den Männern, die sie festgenommen hatten, führte Tom und Rick durch einen Flur. Am anderen Ende wartete Cliff Jarvis.

„Da ihr uns den Gefallen getan habt, von selbst hierherzukommen, brauchen wir uns nicht die Mühe machen, euch in Stanton ein bißchen unter Kontrolle zu halten."

„So wie Sie es auch bei Amy Creswall geschafft haben?" Tom wollte Jarvis herausfordern.

Jarvis' Nasenflügel wölbten sich, in seinen Augen blitzte etwas auf.

„Ihr Beispiel sollte eine Warnung sein, für jeden, der zu genau Bescheid wissen wollte."

Vor dem Fenster tauchte das Gesicht von Lisa Nessen auf.

„Sie soll draußen bleiben", rief Jarvis seinem Kumpanen Clayton zu. Dann wandte er sich wieder den beiden Jungen zu. „Eigentlich sehe ich keinen besonderen Grund, weshalb ihr nicht endlich doch zusammenkommen solltet. Und an dieses Treffen werdet ihr sicher noch lange denken. Dafür sorgen wir."

Ein Wächter stieß Tom und Rick nach draußen. Lisa stand in einem Stahlkäfig. Die Stäbe sahen wie angebrannt aus. Nachdem auch Tom und Rick eingesperrt waren, erkannten sie an den Stromzuführungen und Isolatoren, weshalb der Käfig wie angekohlt gewirkt hatte: Die Stäbe waren elektrisch geladen.

Als der Mann mit dem Gewehr sich entfernt hatte, machte Tom einen Schritt auf Lisa zu.

„Wir wissen, daß sie nicht schuld sind am Unfall Ihrer Freundin."

Lisa Nessen schaute Tom in die Augen. „Irgend jemand hat versucht, auch mich hinunterzustoßen. Nun haben sie mich eben so gekriegt."

„Aber warum nur." Rick vermochte es sich ebensowenig zu erklären wie sein Freund Tom.

„Weil wir über euer Skywatch-Programm herausgefunden haben, was wirklich da oben passiert ist."

Lisa Nessen erzählte in allen Einzelheiten, was sie und ihre Freundin entdeckt hatten. Tom und Rick erkannten, daß Jarvis und Co. es sich auf keinen Fall leisten konnten, sie wieder laufenzulassen. Man hatte versucht, Amy Creswall umzubringen, nachdem sie der Nationalen Raumfahrtbehörde ihren Verdacht mitgeteilt hatte. Außerdem hatte sie Jarvis und Clayton im Verdacht, die beiden hätten das Gespräch abgefangen.

„Clayton und Jarvis haben nach und nach die ganze Behörde unter Kontrolle gekriegt. Sie arbeiten in Wirklichkeit für den Typen, dem diese Bodenstation hier gehört."

„Spionage?" fragte Rick. „Und wer steckt dahinter?"

„Es sieht nicht so aus, als gäb's einen internationalen Ring", erklärte Lisa. „Das riecht eher nach einem machtbesessenen verrückten Einzelgänger, der soviel wie möglich unter Kontrolle haben will. Wir wissen nicht, wer es ist, nur, daß er ungeheuer viel Geld haben muß. Er wartet noch auf das höchste Angebot."

„Ein Geschäft?" Tom hakte nach. „Was für ein Geschäft?"

„Ein Deal um die Geiseln."

Lisa erklärte ihnen, worum es ging. Tom und Rick fröstelten, trotz der tropischen Hitze.

„Die Reliance soll entführt werden!"

Mona hatte gesehen, wie ihr Bruder und Tom in das Gebäude abgeführt wurden. Sie hatte Cheryl zum Boot zurückbegleitet und hatte sich dann sehr vorsichtig wieder dem Haus genähert. Dabei hatte sie sich immer hinter dem dichten Buschwerk gehalten. Jetzt rannte sie zurück zum Boot.

„Hilf mir. Ich brauche die Netze."

„Wofür?"
„Kann ich dir jetzt nicht erklären."
Cheryl und Mona warfen die Netze aus dem kleinen Zweisitzer. Gottlob hatte Cortazar sie nicht mitgenommen. Cheryl sollte zurücksegeln. Bald würde die Sonne untergehen und Cortazar zurückkommen.
„Ich werde Cortazar sagen, daß er sofort die Polizei verständigen soll", versprach Cheryl.
Cheryl stieß ab und Mona winkte ihr nach. Sie bückte sich nach den Netzen und ging zum Gelände der Bodenkontrollstation.
Es war Abend geworden. Die Rotorblätter eines Hubschraubers drehten sich klatschend. Zwei Männer kamen aus dem Haus. Während der eine auf den Helikopter zulief, blickte sich der andere immer wieder um. Rasch stieg der Mann mit dem Koffer die Leiter hinauf und warf sich auf den Sitz. Die Turbine heulte auf, und die Maschine hob ab.
Im Dämmerlicht waren dem Mann, der jetzt im Hubschrauber saß, die drei Menschen im Stahlkäfig entgangen.
„Das muß er gewesen sein", vermutete Lisa.
Tom und Rick verstanden. Der Mann, der diesen teuflischen Entführungsplan ausgedacht hatte, war sicher unterwegs, um den nächsten Schachzug auszuführen.
„Vielleicht fliegt er jetzt zu dem Treffen, bei dem über den Preis für die Reliance verhandelt wird", fügte Lisa hinzu.
Über das Schicksal der Reliancemannschaft wollten Tom und Rick lieber nicht weiter nachdenken.
„Was ist das, da drüben", flüsterte Lisa.
Sie zeigte auf das Gebäude, vor dem eine Gruppe von Männern einen Lastwagen auslud. Drei von ihnen hievten etwas aus dem Laderaum – ohne dabei allzu vorsichtig zu sein. Als ein vierter die Kiste von hinten herausziehen wollte, fiel sie herunter.
Es war der K22, den man aus dem Nationalen Raumfahrtmuseum gestohlen hatte.

*

Käpten Marceau löste den Mikrolaser aus dem Gehäusekörper von Mr. Chips.

„High noon", schoß es dem Astronauten in einer Anwandlung von Rachegedanken durch den Kopf.

Er ließ den Roboter in der Ladebucht des Tankers S5 frei umherschweben. Jedesmal, wenn ein Laserstrahl ausgestoßen wurde, konnte sich Marceau wieder etwas besser orientieren. Dieser Laderaum war riesengroß. Als Marceau nach und nach erkannte, was hier alles geladen war, staunte er.

„Der EDEF und die drei Satelliten, die wir abgeschrieben hatten. Das ist ja der reinste Entführungshangar!"

Jetzt gehörte die Reliance auch der Sammlung an. Mit ihrer gesamten Länge saß sie nun im S5.

Marceau überlegte, wer wohl die Entführer sein und welches Ziel sie damit verfolgen könnten. Aber am meisten bewegte ihn die Tatsache, daß die Sauerstoffversorgung seiner Mannschaft nicht mehr lange vorhalten würde.

„Brenn es endlich durch, um Himmels willen, mach!" Marceau wußte, daß nur eine geringe Chance dafür bestand, mit einem Laser für Nachrichtenzwecke Löcher in Metall zu schießen – selbst bei einem so dünnwandigen Material wie der Außenhaut des ausrangierten Tankers. Er mußte es trotzdem versuchen. Es war seine letzte Chance. Gebannt richtete er seine Augen auf die Stelle, wo in regelmäßigen Abständen der Laser aufblitzte. „Du mußt es schaffen!!!" Jedesmal, wenn ein Mikrolaser auf die Rückwand des Tankers S5 traf, wiederholte Marceau diesen Satz. Der Lichtstrahl hatte soviel Energie wie die Sonne. Langsam schnitt er ein Stück aus dem Tankergehäuse. Jetzt konnte Marceau die Erde sehen, obwohl sie unter Wolkenschichten lag.

„Geschafft!"

Dieser Mikrolaser, an dem drei Teenager in Stanton nur einige Kleinigkeiten verändert hatten, schnitt Stück für Stück aus der Tankerrückwand.

Marceau „schwamm" zu der Öffnung, um sich den Angreifer, den K24, anzusehen.

Der Satellit schwebte immer noch neben dem Tanker. Das unbarmherzige, von keiner Atmosphäre gefilterte Sonnenlicht blendete Marceau. Allmählich stieg in seinem Raumanzug mit jeder Bewegung die Temperatur. Marceau wußte, daß die Energieversorgung bald zu Ende gehen würde.

Der K24 drehte sich um seine Achse.

Marceau zielte.

Acht Strahlen schossen aus dem Mikrolaser.

Der K24 bewegte sich genauso weiter wie vordem. Es sah so aus, als könnten die Laser dem Satelliten nichts anhaben. Aber da, aus der Unterseite schoß eine Stichflamme. Die Achillesferse! Später erfuhr Marceau, daß dieser entscheidende Feuerstoß auf die Unterseite des Satelliten eine Treibstoffleitung leckgeschossen und dadurch das gesamte Steuerungssystem des Satelliten zerstört hatte. Jetzt nahm Marceau all seine Kräfte zusammen und bewegte sich auf die Ladebucht der Reliance zu. In der Anspannung bemerkte er nicht, daß das Steuerungssystem der Reliance wieder funktionierte.

Plötzlich wurde ihm bewußt, daß er in seinem Helmlautsprecher die Jubelrufe seiner Mannschaft hörte. Er atmete auf. Jetzt schnallte er noch Mr. Chips in der Ladebucht neben dem geborgenen EDEF fest und steuerte die Reliance aus dem Tankerraum.

Großer Jubel in der Bodenkontrollstation und in der Reliance.

Auf Beramas war es dunkel geworden. All die Tiere, die sich tagsüber vor der tropischen Sonne verborgen gehalten hatten, kamen jetzt aus ihren Verstecken.

Über ihnen wölbte sich der mondlose Sternenhimmel. Das schimmernde Band der Milchstraße strahlte makellos und von keinem Großstadtdunst getrübt fast so hell wie die Sichel des abnehmenden Mondes, der allerdings erst in einigen Stunden aufgehen würde. Im Stahlkäfig saßen Lisa Nessen, Tom und Rick. Keiner zeigte seine Angst. Vom Meer wehte eine sanfte Brise.

„Schnell, erschlag sie!“

Tom verjagte eine blutsaugende Fledermaus von Lisas Kopf.

Eine zweite flog an das Gitter heran. Dabei hatten ihre Flügel zwei Stäbe gestreift. Das Tier klatschte im Käfig tot zu Boden. Rick konnte vor Schreck nicht mal schreien. Er war voll damit beschäftigt, die Moskitos und Spinnen zu erschlagen.

„Sssshhhh!"

Das kam aus der Windrichtung, und zuerst nahmen es die drei im Käfig nicht wahr, so sehr waren sie mit der Abwehr ihrer Plagegeister beschäftigt.

„Kommt hier rüber!"

Jetzt hörten sie Monas Stimme.

Der Platz um den Käfig lag innerhalb der Lichtkegel, die die Beleuchtung im Haus und vor dem Haus bildeten. Sobald Mona die Büsche verließ, würde einer der Wachtposten auf sie aufmerksam werden. Aber genau das gehörte mit zu Monas Plan.

„Halt, stehenbleiben!" rief der Mann und rannte hinter Mona her.

Tom, Rick und Lisa waren ratlos. Plötzlich sahen sie, wie ein Baum hochschnellte. Ein Mann schrie auf. Dann war es still.

Zwei weitere Wachtposten liefen auf das Gebüsch zu. Wieder schnellten Baumstämme nach oben. Die Männer schrien. Dann war es still.

Jetzt kroch Mona an den Käfig heran. Ihr Gesicht und die Arme hatte sie mit Erde beschmiert. Die drei im Käfig hielten einen Augenblick inne. Dann schlugen sie wieder heftig um sich, um die Moskitos und Spinnen zu verjagen.

„Wie willst du uns hier 'rausbekommen", fragte Lisa.

„Ich habe keine Ahnung." Sie klang entmutigt. Es war zum Schreien. Die Wachtposten hatte sie überwältigt, aber wie sollte sie diesen elektrisch geladenen Käfig aufbekommen?

„Bitte mach irgendwas, egal was, aber tu was", flehte Rick.

„Du bist unsere einzige Chance." Tom blickte sehr verzweifelt drein.

Mona stand vor dem Käfig und schaute sie hilflos an. Sekunden später merkte sie, daß die drei nicht mehr zu ihr hinsahen. Blitzschnell drehte sie sich um. Vier Marineinfanteristen kamen auf sie zu.

Blinde Passagiere

Das Gelände war umstellt von Regierungstruppen. Eine Rettungsmannschaft stürmte das Gebäude, von dem aus die Entführung der Satelliten und der Reliance gesteuert worden war. Antennendrähte wurden durchgeschnitten, die hauseigenen Wachtposten festgenommen und auch zwei Angestellte der Nationalen Raumfahrtbehörde.

Der Überraschungsangriff war gelungen – ohne Blutvergießen. Es gab nur zwei Verletzte. Cliff Jarvis und Neil Clayton. Sie hatten fliehen wollen, gerieten aber in die Netze, die Mona ausgespannt hatte. Dabei stauchte sich Jarvis das Knie, Clayton brach sich den Knöchel.

Mona wußte nicht, ob sie lachen oder weinen sollte. Sie konnte überhaupt nicht reagieren. Erst als Cortazar und Cheryl auftauchten, liefen die Tränen. Tom hielt sie ganz fest in seinen Armen.

Rick stand bei den Leuten von der Truppe. Einige erkannte er wieder. Er hatte sie auf der Marinefregatte gesehen. Sie gehörten zu der Mannschaft, die die Passagiere des havarierten Luftkissenbootes gerettet hatte.

„Gut gemacht, mein Junge", sagte ein Marineoffizier. „Offiziell sollten wir vor Beramas eine Militärübung veranstalten. Aber diese Bodenstation war das eigentliche Ziel des Manövers. Wir hatten Angst, daß unsere Funksprüche abgefangen werden könnten."

„Dabei gab es noch ein Problem", setzte er nach einer Pause hinzu. „Wir wußten nämlich nicht genau, wo diese Bodenstation lag."

Wie sich herausstellte, hatte Cheryl Tasel dazu beigetragen, daß dies möglich wurde. Nachdem Mona gesehen hatte, daß Rick und Tom in das Haus gedrängt wurden, hatte sie Cheryl zu Cortazar geschickt. Der sollte die Behörden verständigen.

Der Spuk war vorüber. Auch die Tiere, die aus ihren Verstecken hervorgekommen waren, sobald es dämmrig wurde, hatten sich wieder zurückgezogen. Die Suchscheinwerfer der Kampfgruppe mußten sie irritiert haben.

„Wenn ich noch eine Fledermaus hätte erschlagen müssen, ich glaube – ich glaub', ich hätte durchgedreht. Und dann noch diese Moskitos und Schlangen! Von den Spinnen ganz zu schweigen."

Das war das Stichwort für Mona.

„Die Netze!"

Sie ging zu einem Marineoffizier und legte ihm die Sache dar. Zusammen mit ihren Freunden führte Mona einige Marineinfanteristen in den Busch. Nach einer Weile sahen sie im Kegel der Suchscheinwerfer drei Wachtposten in den Netzen baumeln.

„In deinen Netzen gefangen." Tom lächelte Mona zu.

„Tja, ich hab's nun mal mit den Spinnen."

Am nächsten Tag war das Café von Cortazars Bruder brechend voll. Der alte Mann freute sich über das Geschäft und hatte für jeden seiner Gäste ein paar freundliche Worte.

Laura und Mike Benson hörten sich an, wie es zu dem Einsatz der Marine gekommen war. Sie fanden es beeindruckend, wie die Freunde sich an jede Einzelheit erinnerten, angefangen von den wirren Spinnenweben auf dem Hologramm.

„Wenn euer Experiment nicht an Bord des EDEF gewesen wäre, hätte die Entführung der Reliance sicher geklappt", meinte Mr. Benson.

„Und wo hätte man die Reliance dann hingebracht", wollte Tom wissen.

„Sie sollte ganz still und heimlich auf Sumatra landen und dann dem Meistbietenden verkauft werden. Von einem Offizier hab' ich mir sagen lassen, daß der Mensch, der hinter all dem steckt – er hat natürlich drei oder vier verschiedene Namen – gerade unterwegs nach Südostasien sein soll, um sein Geschäft perfekt zu machen."

„Und die Astronauten?", fragte Mona.

Mr. Benson nickte. „Die sind in Sicherheit."

Cortazar machte einen Vorschlag.

„Ich Sie alle einladen zum Tiefseefischen. Wir fangen ganz großen."

Die Freunde lehnten dankend ab. Sie hatten bereits einen Riesenfischzug hinter sich. Sie hatten das Raumschiff gerettet.

„Ein großer weißer Wal reicht uns für diese Woche, und für einen weißen Hai fehlen uns jetzt die Nerven – aber trotzdem vielen Dank." Rick hatte seine Laune wieder.

Mona, Rick und Tom beschlossen, daß sie bald auf Beramas zurückkommen wollten, dann aber, um den Rest der Ferien noch in vollen Zügen zu genießen. Jetzt mischte sich Cheryl ins Gespräch.

„Aber nur unter einer Bedingung!"

„Und die wäre?"

„Daß ihr das nächste Mal nicht gleich mit einer ganzen Marineflottille anrückt – also ohne Invasionstruppen, bitte!"

Allgemeines Gelächter. Tom hatte ein Stück Segeltuch auf dem Tisch entdeckt. Er stand auf und bat den alten Mann, der gerade wieder ein Tablett abgestellt hatte, um einen Stift. Mit dem Faserschreiber kritzelte er etwas auf das Tuch und fragte den Alten, ob er es nicht über die Tür hängen wollte. Darauf stand „Big Byte – Zweigstelle Beramas".

„Ich fühl' mich schon ganz wie zu Hause", rief Rick.

„Ricky, du bist doch überall zu Hause, wo man was zu essen kaufen kann."

Monas Bemerkung ließ die Stantoner wieder auflachen. Es blieb noch etwas Zeit, bis sie heimfliegen würden. So gingen die Freunde hinunter zum Hafen. Da Cheryl ihnen drei Surfboards organisiert hatte, wollten sie noch die Gelegenheit nutzen.

Im Hafen sahen sie, wie Cortazar gerade sein Boot klarmachte. Er wollte hinaus zum Fischen. Die drei bedankten sich noch einmal bei ihm.

„Ist jeder hier euch dankbar." Cortazar drehte sich noch einmal um und winkte.

In der sanften Dünung kreuzten Rick und Cheryl unter der leichten Brise eine halbe Meile ins Meer hinaus, während Tom am

Strand Mona ein behutsames Anfängertraining zuteil werden ließ.

Ein Sirenenton von der Küste her zeigte den Freunden an, daß die Maschine startklar war. Sie surften zum Strand zurück. Mrs. und Mr. Benson warteten bereits.

„Wir müssen. Die Maschine wartet."

„Fünf! Vier! Drei! Zwei! Eins!"

Rauch schoß aus der Rakete.

„Start!"

Der Boden zitterte leicht, als das Grollen anschwoll. Langsam löste sich die Rakete von der Startrampe.

„Zieh ab, Mr. Chips!"

Die Rakete stieg in den wolkenlosen Himmel. Diesmal war der Start geglückt.

„Wie steht's um Chips", erkundigte sich Mona.

„Alles programmgemäß", antwortete Rick.

„Alles paletti", ergänzte Tom nach einem Blick auf die Monitore vor sich.

Seine Eltern, Lisa Nessen und Robert Marceau standen hinter ihm. Sie waren beeindruckt.

„Einen solchen Start hab' ich seit meiner Highschoolzeit nicht mehr gesehen", erklärte Marceau. „Falls ihr drei bei der Nationalen Raumfahrtbehörde arbeiten wollt, da warten Jobs auf euch."

„Vielleicht sollten wir doch erst die Highschool zu Ende machen", meinte Rick.

Am meisten freuten sie sich jedoch über die Nachricht, die Lisa Nessen aus dem Krankenhaus mitbrachte.

„Morgen wird Amy entlassen. Sie hätte auch heute schon gehen können, aber die Ärzte wollten nicht, daß sie den Start miterlebt und sich dabei zu sehr aufregt. Sie hat übrigens sehr bedauert, daß sie nicht wie ich einen Freiflug nach Beramas hatte, aber in Anbetracht der speziellen Reiseumstände kann sie sich doch damit abfinden, glaube ich."

Während die anderen noch über Amy sprachen und Lisa baten, ihr Genesungswünsche auszurichten, entdeckte Tom auf einem der

Flugmonitore ein eigenartiges Muster.

„Entschuldigen Sie, Sir, könnten Sie mal schauen?"

Marceau beugte sich über das Terminal. Er stutzte und kratzte sich am Hinterkopf.

„Tom, ich weiß auch nicht, was das ist", gab Marceau zu. „Im übrigen, wieso fragst du mich? Wenn jemand in der Lage ist, einen Mikrolaser in einen Roboter einzubauen, der muß auch da drauf kommen. Ich steuere die Raumschiffe lediglich."

Mona beugte sich über Toms Schulter.

„Was ist kaputt?"

„Mr. Chips", stichelte Tom. Dann zeigte er auf das ungewöhnliche Muster auf dem Flugmonitor. „Das macht mir Sorgen."

„Warum? Das ist ganz in Ordnung. Das stammt von den anderen Passagieren."

Niemand wußte etwas von „anderen Passagieren" an Bord. Es war doch nur Mr. Chips mitgeflogen. Mona wollte sich dazu nicht näher äußern. Der Timer zeigte an, daß die Rakete ihre Höchstgeschwindigkeit erreicht hatte. Sie kletterten in den Jeep, der sie zum Landeplatz bringen sollte.

„Jetzt müßte sie wieder runterkommen", meinte Mona.

Von der Stantoner Raketengesellschaft warteten einige Mitarbeiter auf dem Hügel. Sie wollten die Landung mitverfolgen. Die Rakete war so programmiert, daß sie am Fallschirm auf einer nahe gelegenen Farm landen würde.

„Sieht alles aus, wie es soll", meinte Tom. „Mit Ausnahme dieses Musters da, auf dem Flugmonitor."

Die beiden ferngesteuerten Fallschirme mit der Rakete schwebten heran. Kurz vor der Landung zogen sie noch einmal leicht nach oben. Mit dieser Maßnahme erreichten die Freunde, daß ihre Rakete ganz sanft aufsetzen würde.

Die drei waren als erste am Landeplatz. Rick kümmerte sich um die Leinen, während Tom die Luke der Kapsel entriegelte. Vorsichtig löste er Chips aus seinen Halterungen.

„Irgendwas stimmt nicht", murmelte er.

Inzwischen waren auch seine Eltern gekommen und warteten

gespannt. Sie bemerkten, daß bei Mr. Chips Lämpchen aufleuchteten, die sie zuvor noch nie gesehen hatten.

Rick half Tom dabei, die Frontplatte des Roboters abzunehmen. Da entdeckten sie, daß die Leuchtdioden mit einem kleinen, gut versteckten Behälter verbunden waren. Tom holte ihn vorsichtig heraus.

„Mona! Warum das denn?"

Tom und Rick spielten die Verärgerten. Mona zuckte die Achseln und ließ sich den Behälter geben. Sie öffnete den Deckel. Vier mit bunten Farbtupfern markierte Spinnen krabbelten auf ihren Arm.

„Ich dachte, treu wie sie hier unten die Stellung gehalten haben, hätten sie auch mal einen Flug verdient!"

Spaßeshalber stritten sich die Freunde über Sinn und Zweck dieser Aktion. Toms Eltern verabschiedeten sich. Die drei würden sich schon wieder einigen. Immerhin war dieser zweite Anlauf geglückt. Mr. Chips hatte von diesem Flug genügend Datenmaterial mitgebracht, um die Freunde für Wochen mit der Auswertung zu beschäftigen.

Mona setzte die bemalten Spinnen wieder in den Behälter zurück. Rick und Tom waren froh, daß diese Tierchen nicht so groß waren wie die Biester auf Beramas.

Wichtige Begriffe aus der Computerwelt von heute und morgen

Arbeitsspeicher

siehe RAM

back up (sprich „bäck ap“)

Sicherungskopie von einem abgespeicherten Programm. Man kann die „back up“ auf demselben Datenträger (z. B. Diskette) oder auf einem zweiten Datenträger (Sicherungsdiskette) machen. Bei einer Back-up-Diskette geht das abgespeicherte Programm dann nicht verloren, wenn sich die ganze Originaldiskette nicht mehr lesen läßt, zum Beispiel aufgrund mechanischer oder magnetischer Beschädigung. Da Disketten gegen Magnetfelder sehr empfindlich sind, bewahrt man besonders wertvolle Floppies am besten in einer antimagnetischen Schutzhülle auf.

Benutzercode

siehe auch Code, Paßwort

Ein Code, mit dem sich der Benutzer für den Computer zu erkennen gibt. Nach Eingabe des Codes überprüft der Computer anhand vorgegebener Daten, ob der angemeldete Benutzer zugangsberechtigt ist.

Bit

Entstanden aus dem englischen Begriff „binary digit“ (sprich „Beineri didschit“). Kleinste Dateneinheit, die vom Computer verarbeitet wird.

Byte

Eine Achtergruppe von „Einsern“ oder „Nullen“, also 8 Bits. Ein Byte ist die gebräuchlichste Dateneinheit, die meist gleichzeitig von Computern verarbeitet wird. Acht Bits, also ein Byte, genügen, um ein numerisches oder alphanumerisches Zeichen, also eine Zahl oder einen Buchstaben, eindeutig darzustellen. Damit läßt sich dann ausrechnen, wieviel Text in einen Computer mit definiertem Speichervolumen paßt.

CAD

(*C*omputer *A*ided *D*esign). Mit Hilfe von sehr aufwendigen Computerprogrammen kann man jetzt schon durchspielen, ob etwa ein Autoreifen eine gewünschte Geschwindigkeit aushält, ohne zu platzen. Eventuell erforderliche Korrekturen des Reifenentwurfs lassen sich auf dem Bildschirm durchführen – ebenso der gesamte Entwurf sowie die Konstruktionszeichnung. In vielen Konstruktionsbüros verwenden die Ingenieure heute schon überwiegend Computer zum Entwerfen ihrer technischen Entwicklungen.

Chips

Chip bedeutet Scheibe oder Plättchen. Beim Chip befindet sich auf diesem Plättchen eine große Anzahl von Schaltkreisen. Man bezeichnet das als integrierten Schaltkreis. Chips sind so klein, daß z. B. ein 64-Kilobyte-Chip leicht durch ein Nadelöhr paßt. Diese Chips werden in einem länglichen Gehäuse untergebracht, aus dem die vielen Anschlußstifte herausragen. Einen solchen Baustein bezeichnet man scherzhaft als „Tausendfüßler“.

Code

Ein System, mit dem man Informationen verschlüsselt. In der Computerei kann das eine Programmiersprache sein, etwa ein binär verschlüsselter Maschinencode oder auch ein symbolischer Code, der aus Befehlskürzeln besteht, die man sich verhältnismäßig einfach merken kann.

Cursor

Ein sichtbarer „Zeiger" auf dem Bildschirm, der angibt, an welcher Stelle des Bildschirms Eingaben gemacht werden können. Dieser Zeiger kann die Form eines Rechtecks haben oder die einer eckigen oder spitzen Klammer, oft auch einer Linie, die unter der Stelle steht, an der ein Zeichen auf den Bildschirm geschrieben werden soll. Meist ist diese „Schreibstelle" daran zu erkennen, daß sie immerzu blinkt.

Datei

Dieses Wort ist aus „Daten" und „Kartei" entstanden. Gemeint ist damit eine Sammlung zusammengehörender Daten. Diese Daten können fest im Computer gespeichert vorliegen, also resident sein (im ROM), oder auf Diskette, Band, Magnetplatte oder Laserdiskette gespeichert sein. Dort kann man sie verändern oder löschen. Die Daten werden innerhalb einer Datei nach der jeweils zweckmäßigsten Form geordnet, so daß man sie entsprechend dem Verarbeitungszweck möglichst wirkungsvoll abrufen, miteinander verbinden und verarbeiten kann. Hierzu müssen alle Daten auf einem der genannten Speicher vorliegen und unter einem Dateinamen aufgerufen werden können. So läßt sich beispielsweise eine Datei mit den Geburtstagen aller Freunde, mit Kochrezepten oder Telefonnummern anlegen, die auf einer Diskette abgespeichert ist.

Datenbank

In einer Datenbank sind besonders viele Informationen, z. B. Adressen, Buchtitel, Kochrezepte oder Gerichtsurteile, so gespeichert, daß sie sich per Computer auf den Bildschirm holen lassen oder ausgedruckt werden können. Der Vorteil ist, daß es schneller geht und mehr Personen gleichzeitig von einer solchen Datenbank bedient werden können. Vor allem aber sucht ein leistungsfähiges Datenbankprogramm auf Wunsch sämtliche Teilinformationen aus allen Einträgen zusammen, die mit einem bestimmten Stichwort zu tun haben. Das hieße in einer normalen Bücherei: alle Bücher und Zeitschriften z. B. nach Texten durchsuchen, in denen etwas über Enid Blyton gesagt wird, und diese Texte fotokopieren. Die Datenbank macht so was sekundenschnell, auch wenn es sich um insgesamt mehrere tausend Einträge handelt.

Datenfernübertragung

siehe Datenübertragung

Datenstation

siehe Terminal

Datenträger

siehe Diskette

Datenübertragung

Jede Art von Übertragung elektronisch gespeicherter Daten. Die Daten können etwa zu einem Terminal im gleichen Gebäude oder zu einem Computer in einer anderen, weit entfernten Stadt übertragen werden. Dazu bedient man sich der Standleitungen von der Post. Dies nennt man auch Datenfernübertragung (DFÜ). Werden die Daten nur innerhalb der Rechenanlage übertragen, dann benötigt man verschiedene Kanäle.

DFÜ

Datenfernübertragung (siehe Datenübertragung)

Disk

siehe Diskette
siehe Festplatte

Diskette (Datenträger)

Wegen ihrer Biegsamkeit auch Floppy genannte, runde Kunststoffscheibe, die fest in einer Hülle untergebracht ist. Auf der magnetisierbaren Schicht dieser Scheibe kann man Daten speichern und gespeicherte Daten abrufen. Hierzu muß sie in ein Laufwerk geschoben werden (siehe auch *Festplatte*).

10 9388-10

Dokumentation

Beschreibung und Aufbewahrung sämtlicher Unterlagen, die bei der Erstellung eines Programms entstanden sind sowie Angaben zur Handhabung des Programms enthalten.

Eingabe

Auch input, Einlesen; allgemeine Bezeichnung für die Übertragung der Daten in den Arbeitsspeicher. Die Daten können beispielsweise durch Tastaturen oder von Datenträgern (Floppy) eingegeben werden.

Festplatte

Magnetisierbare Platte zum Speichern von Daten und Programmen. Sie ist im Gegensatz zur Floppy (Diskette) nicht aus dünnem, biegsamem Kunststoff, sondern aus Aluminium und fest in ein Laufwerk eingebaut. Man kann sie daher auch nicht auswechseln wie eine Floppy. Dafür hat sie sehr viel mehr Speicherplatz, nämlich über 50 Megabyte (5¼ Zoll), was ungefähr 15000 vollen Schreibmaschinenseiten entspricht. Hingegen besitzt derzeit eine 8-Zoll-Floppy maximal 6 Megabyte Speicherkapazität. Auf der Festplatte kann man auch schneller abspeichern und rascher Daten abrufen als auf der Diskette.
Eine Alternative zur Festplatte ist neuerdings die optische Speicherplatte bzw. Laserdiskette. Auf ihr werden die Daten ebenso gespeichert wie bei der Compact-Disk (CD) die Musik. Spätestens für das Jahr 1987 rechnet man mit der Markteinführung von Laserdisketten, die sich im Gegensatz zu den CDs beliebig oft löschen und neu beschreiben lassen. Die Speicherkapazität der Laserdisk beträgt schätzungsweise 2 bis 5 Gigabyte. 1 Gigabyte sind 1 Milliarde Bytes bzw. 1000 Megabyte. Da 1 Megabyte etwa

1000 Kilobyte sind, ergibt sich, daß die optische Speicherplatte ein 2000- bis 5000mal höheres Speichervolumen hat als eine derzeitige 5¼-Zoll-Floppy.
Zum Vergleich: Die EDV eines mittleren Gewerbebetriebs mit 250 Mitarbeitern verfügt im Durchschnitt über Plattenlaufwerks-Kapazitäten von 5 bis 10 Gigabyte.

Floppy

siehe Diskette

Gigabyte

siehe Festplatte

Großrechner

siehe mainframe

Hardware

Darunter versteht man die technische Seite der Datenverarbeitung, also den Computer und seine anschließbaren Geräte, wie etwa
Monitor
Terminal
Modem
Diskettenlaufwerke usw.
Die Software aber erst bringt die Hardware zum „Laufen“.

Hauptspeicher

Der Hauptspeicher, auch oft Zentralspeicher oder Arbeitsspeicher genannt, ist das Gedächtnis des Computers. In ihm befinden sich die Daten und Programme. Sie werden bei Bedarf an die einzelnen Teile des Computers, wie Steuerwerk, Rechenwerk oder Ein- und Ausgabewerk, abgegeben. Sein Fassungsvermögen gibt man in Bytes an. Bereits die heutigen Heimcomputer haben zwischen 64- bis 1024 Kilobyte Speicherplatz in ihrem RAM.

Identifikations-Code

siehe Code

Input

siehe Eingabe

Joysticks

So nennt man die Steuerknüppel, mit denen man auf dem Computerbildschirm den Cursor (bei Spielen die entsprechende Figur oder das Fahrzeug/Flugzeug/Raumschiff) an die gewünschte Stelle bewegen kann (siehe auch *Cursor*).

Kilobyte

Ein Byte sind acht Bits. 1000 Byte sind ein Kilobyte. 1000 Kilobyte sind ein Megabyte. 1000 Megabyte sind 1 Gigabyte.
Wieviel Bits sind 6 Gigabyte?

Kommunikationssystem

Technische Einrichtungen, die es erlauben, von Mensch zu Mensch oder von Mensch zu Maschine und umgekehrt oder zwischen Maschinen Informationen bzw. Daten auszutauschen.
Beispiel: Der Systemingenieur des Kraftwerks erhält über das Kommunikationssystem (Computerterminal und Leitungen, auch Netzwerk genannt) Daten. Diese Daten informieren ihn über die Vorgänge im Reaktor, über den Betriebszustand sämtlicher Geräte und Maschinen, mit denen das Kraftwerk Strom erzeugt. Er gibt über das Kommunikationssystem Steuersignale an diese Maschinen, verständigt andere Mitarbeiter über alles Notwendige.
Auch unser Telefonnetz ist ein Kommunikationssystem.

Laserstift

Ein Lichtstift, mit dessen Hilfe auf einer lichtempfindlichen Unterlage Aufzeichnungen angefertigt werden können. Diese Aufzeichnungen werden vom Computer, an den das Lichttablett angeschlossen ist, gespeichert und ausgewertet. Dasselbe gilt auch für Bildschirme, die mit einer lichtempfindlichen Datenaufnahmeschicht ausgerüstet sind.
Mit Laserstiften, die entsprechend konstruiert sind, kann man auch gravieren.

Laufwerk

siehe Diskette

Lichtgriffel

siehe Laserstift

Log-on

Log-on ist die englische Bezeichnung für Benutzeranmeldung. Es ist ein Code, mit dem sich jeder Benutzer, der am Computer arbeiten möchte, zu erkennen geben muß. Anhand dieser Benutzeranmeldung wird im Computer geprüft, ob der Benutzer überhaupt berechtigt ist, am Computer zu arbeiten.
Häufige Anwendung finden diese Anmeldungen bei großen Rechenanlagen, an denen viele unterschiedliche Benutzer tätig sind.

Magnetblasenspeicher

Diese sehr kleinen Speicher werden bereits von verschiedenen Herstellern eingesetzt. Bei ihnen sind in einem Festkörper (Granulat) blasenförmige Magnetfelder vorhanden. Sie können als Informationsspeicher angesprochen werden. Wenn man sich diesen Speicher dreidimensional vorstellt, kann mit Hilfe eines gezielten elektromagnetischen Stromstoßes jeder Punkt des Speichers angesprochen werden. Diese Blasenspeicher werden bisher nur bei kleinen Speichereinheiten eingesetzt. Kapazitäten bis zu 1 Million Zeichen sind denkbar.

mainframe (sprich: mejnfrejm)

Unter Computerfachleuten gebräuchliche englische Bezeichnung für große kommerzielle Computer (Datenverarbeitungsanlagen) in Fabriken, Behörden, Versicherungen, Verwaltungen und Forschungsinstituten sowie beim Militär.

Masterkopie

Eine Kopie, von der sämtliche Gebrauchskopien gezogen werden. Die Masterkopie selbst wird möglichst nie benützt. Sie dient als back up für den Fall, daß die Arbeitskopie unbrauchbar geworden ist.

Menü

Das „Menü“ ist sozusagen die Speisekarte des Computers, nämlich eine Aufstellung sämtlicher Programme, mit der wir auswählen können, welche von diesen Programmen und Programmfunktionen wir gerade benützen wollen. Die in einem solchen Menü angebotenen Programme nennt man auch Menü-Optionen. Innerhalb eines ausgewählten Programmes kann man anhand von Untermenüs wiederum entscheiden, mit welchen Programmteilen gearbeitet werden soll.

Mikrochips

siehe Mikroprozessor

Mikroprozessor

In ihm sind die Schaltkreise des Rechenwerks und des Steuerwerks auf einem Chip zusammengefaßt. Dieser Chip hat bestimmte einprogrammierte Fähigkeiten. Wegen seiner äußeren Form nennt man ihn unter Fachleuten auch zuweilen „Tausendfüßler“. Wegen seiner Verwendung in Mikrocomputern nennt man ihn auch Mikrochip.

Mikroschaltkreise

Elektronische Schaltkreise, die kaum größer sind als ein Fingernagel. Sie vereinigen in sich so viele Schaltfunktionen, daß man dafür vor einem Vierteljahrhundert noch mehrere große Büroräume benötigt hat.

Mikrotransceiver

Sehr kleiner, handlicher Transceiver, oft auch tragbar;
siehe Transceiver

Monitor

Computerbildschirm in einem eigenen Gehäuse. Auf einem solchen Datensichtgerät wird angezeigt, was wir in den Computer eingeben. Auf dem Monitor kann man sich vom Computer gespeicherte Daten anzeigen lassen oder das, was er ausgerechnet hat. Auch ein Fernseher kann als Monitor dienen, hat aber nie eine so gute Bildqualität wie ein spezieller Computer-Monitor.
Monitor nennt man auch jene Fernsehbildschirme, die in Überwachungsanlagen von Kameras angesteuert werden.

Optoskop

Fantasiebezeichnung für ein Beobachtungsgerät, das man benützen kann wie ein Fernglas, das aber auch als Infrarot-Nachtsichtgerät eingesetzt werden kann und obendrein den Bildinhalt elektronisch speichert.

Output

siehe Input

Paßwort

Ein Kennwort, mit dem der Zugriff auf Programme und Datenbestände geschützt werden soll. Nur wer das Paßwort kennt, kann auf das System zugreifen. Ehrgeiz eines Hackers ist es, Paßwörter zu knacken. Ziel des Crackers ist es, durch Herausfinden des Paßwortes Daten und Programme sowie Computerdienstleistungen (Banküberweisungen!) für seine Zwecke illegal zu nutzen.

PC

Kommt von dem englischen Ausdruck *p*ersonal *c*omputer – was ungefähr bedeuten soll: Computer für den persönlichen Gebrauch, im Gegensatz zu den meist größeren und noch viel leistungsfähigeren gewerblichen Computern (mainframe). Das bedeutet geringere Baugröße (tragbar), verhältnismäßig wenig Speicherplatz, d. h. zwischen 360 Kilobyte und höchstens 35 Megabyte (mit Festplatte), und einen meist erschwinglichen Kaufpreis (unter 10000,– DM).

RAM

Englisch: *R*andom *A*ccess *M*emory (gesprochen: rändm äkßess memori). Auf deutsch heißt das: wahlfreier Zugriffsspeicher. Damit wird ein Arbeitsspeicher bezeichnet, in den hineingeschrieben und aus dem herausgelesen werden kann. Daher auch Schreib-Lese-Speicher. In diesem Speicher sind die enthaltenen Daten veränderbar. Kurzfristig benötigte Daten können im RAM abgelegt werden. Zweck des Arbeitsspeichers ist es, Daten und Programme aufzunehmen, die gerade verarbeitet bzw. benutzt werden. Bei den Programmen handelt es sich überwiegend um Systemprogramme, die für die Funktion des Computers unerläßlich sind, und um Anwenderprogramme, wie etwa Textverarbeitung oder Tabellenkalkulation. (Siehe auch *Hauptspeicher!*)

scannen

siehe Scanner

Scanner (sprich: Skänner)

Englische Bezeichnung für ein Gerät, mit dem (meist automatisch) ein bestimmter Bereich von einem Ende zum anderen lückenlos abgetastet wird. Ein Funkscanner z. B. geht automatisch und regelmäßig einen bestimmten Empfangsbereich durch und hält an, sobald er auf einen Sender trifft, für dessen Empfang er programmiert ist.

Schnittstelle

(engl. „interface"); wird benötigt, damit ein Computer mit Peripheriegeräten wie etwa Drucker, Plotter, Terminal, anderen Computern, Modems, externen Massenspeichern (z. B. Floppylaufwerken) verbunden bzw. zusammengeschaltet werden kann. Die Schnittstelle kann entweder aus einem Programm bestehen (Software-Interface) oder aus elektronischen Bauelementen (Interface-Karten). Sie ermöglicht die Datenübertragung zwischen Computer und Peripherie und prüft u. a. die Daten auf ihre formale Richtigkeit bzw. macht sie für die angeschlossene Peripherie ‚lesbar'.

Sensorbildschirm

Computerbildschirm, auf dessen berührungsempfindlicher Oberfläche Eingaben gemacht werden können, ohne daß man dazu die Tastatur betätigen muß.

Software

Alle Programme, die auf einem Computer (= EDV-Anlage) laufen. Zum Beispiel ist bei einem Tonband die aufgenommene, d. h. die „gespeicherte“ Musik die „Software“ und das Band, auf dem die Musik drauf ist, der „Datenträger“, das Tonbandgerät schließlich die „Hardware“ (und Verstärker sowie Lautsprecherboxen die „Peripherie“).
Ohne Software funktioniert kein Computer. Erst die Software erweckt den Computer zum Leben. *Betriebssysteme* gehören zur sogenannten Systemsoftware. Der Computer benötigt sie, um Dienstprogramme, Anwenderprogramme oder Spielprogramme laufen zu lassen.

BEISPIELE:
Betriebssysteme: CP/M, MS/DOS, UNIX
Anwenderprogramme: WordStar (Textverarbeitung)
Spielprogramme: PacMan, STARBRYTE
Programmiersprachen: BASIC, C, PASCAL, ASSEMBLER

Terminal

Das Terminal ist ein Bildschirm mit Tastatur, der an einen Zentralrechner angeschlossen ist. Es handelt sich also nicht um einen selbständigen Computer, sondern nur um eine Datenendstation eines Zentralrechners. Die Daten werden an diesen Zentralrechner weitergeleitet und dort verarbeitet. Genauso werden die Daten vom Speicher des Zentralrechners abgerufen und erscheinen auf dem Bildschirm des Terminals. Häufig sind Terminals dort anzutreffen, wo schnell aktuelle Daten benötigt werden, wie zum Beispiel auf Flughäfen zum Abfragen von freien Tickets.

Transceiver (sprich „Tränsßiewer“)

Das Wort ist eine Verschmelzung der beiden englischen Begriffe Transmitter und Receiver. Transmitter heißt Übertrager bzw. Sender. Receiver heißt Empfänger.
Ein Transceiver kann senden und empfangen, so wie beispielsweise ein Handsprechfunkgerät. In diesem Sinne ist natürlich jeder per Modem ans Computerfernsprechnetz angeschlossene Computer ebenfalls ein Transceiver.

Unscrambler

Spezielles Suchsystem zur Rekonstruktion verborgener Informationen.

CIP-Kurztitelaufnahme der Deutschen Bibliothek

Jordan, G. P.:
Computer-Krimi TRM/G. P. Jordan. –
München: F. Schneider
(Schneider-Buch: Krimi)
Einheitssacht.: The Microkidz mystery
adventures ‹dt.›
Teilw. mit d. Erscheinungsorten München,
Wien, Zürich

Bd. 5 Satellitenraub / [Übers.: Nina Winkler-de
Lates]. – 1986

ISBN 3-505-09388-2

Schneider-Buch

© 1986 by Franz Schneider Verlag GmbH
8000 München 46 · Frankfurter Ring 150
Alle Rechte dieser Ausgabe vorbehalten
Übersetzung: Nina Winkler – de Lates, München
Originaltitel: THE MICROKIDZ MYSTERY ADVENTURES:
SATELLITE SKYJACK
Erschienen bei: General Publishing Company Ltd., Ontario
Titelbildgestaltung: Design Team München, unter Verwendung
einer Illustration vom Grafikbüro Schäfer
Lektorat/Redaktion: Thomas de Lates
Herstellung: Brigitte Matschl
Satz/Druck: Presse-Druck Augsburg
ISBN: 3 505 09388–2
Bestell-Nr.: 9388

COMPUTER-KRIMI TRM

von G. P. JORDAN

Geheimprogramm Bienenstich (Band 1)
Das Geheimnis des verschwundenen Wissenschaftlers

Projekt Gedankenschnüffler (Band 2)
Was haben die Gangster mit dem Tempest-T vor?

Daten-Piraten (Band 3)
Tom, Rock und Mona auf Crackerjagd

Strahlenfalle (Band 4)
Was geht im stillgelegten Atomkraftwerk vor?

Satellitenraub (Band 5)
Wer hat den EDEF entführt?

Weitere Bände folgen

Schneider-Buch